新手父母

孩子的

權威兒童發展心理學家專為幼兒
打造的 **57個潛力開發遊戲書⑤**

文字運用&數理概念遊戲

장유경의 아이 놀이 백과 (5~6세 편)

兒童發展心理學家 **張有敬 Chang You Kyung** —— 著

林侑毅 譯

目錄

Chapter 1

｜感覺發展・身體｜ 專為48～72個月設計的遊戲

強化孩子**社交能力**與
提升**自信心**的肢體遊戲

雙人背背
▶▶大肌肉運動、改善駝背

瑜珈姿勢大不同
▶▶刺激生長板、肌耐力

蝴蝶式

貓式

杖式

甩板
▶▶小肌肉、運動家精神

一針一線玩縫紉
▶▶手眼協調、穩定情緒

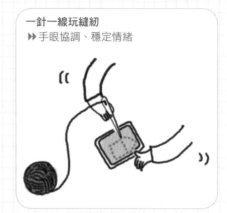

│ 溝通發展・語言 │ 專為48～72個月設計的遊戲

促進孩子**表達能力**，
為**寫作**與**閱讀**奠定基礎

文字接龍
▶▶發音、記憶力、理解力

童話閱讀與角色扮演
▶▶想像力、社交力、合作精神

筷子夾詞卡
▶▶觀察力、小肌肉運動、辨字能力

文字釣魚
▶▶單詞組成原則、發音、注意力

Chapter 3

| 好奇心發展・探索 | 專為48～72個月設計的遊戲

培養孩子**數學**概念，
讓好奇心引發**科學**興趣

誰丟得比較遠？
▶▶ 單位概念、距離概念

相加等於10
▶▶ 熟悉數字、加減法、運算速度

按照指令找寶物
▶▶分辨方向、空間概念

改變花色的遊戲
▶▶科學態度、好奇心

把遊戲還給孩子

. . .

接下來，是專為處於幼兒期最後階段——48至72個月的幼兒所設計的遊戲。如今，孩子在認知方面，已成長至可上幼稚園、可接受教育的程度，在語言與社會性方面，也發展至可與同儕朋友一起玩耍的程度。同時，他們已經能與朋友進行更複雜、更有趣的各種遊戲。

然而，令人感到可惜的是，幼兒在遊戲過程中，總是過於匆忙。世界各國（尤其是亞洲地區的國家）皆強調從更小的年齡開始學習，為了不讓孩子輸在起跑點，幼兒的遊戲時間大幅縮減。在這個幼兒期的最後階段，有必要重新思考遊戲的目的與意義。

相較於前面四冊，這一冊將要介紹的遊戲更為複雜，也更為專業。雖然，我在書裡再三強調「遊戲在於嬰幼兒發展上與教育上的驚人效果」，偶爾卻仍讓人不禁疑惑「究竟是遊戲，還是課程？」其實，對幼兒最好的課程，正是遊戲型的課程。

遊戲必須是「有趣的」

我的大兒子小時候曾在美國學過跆拳道。那是一間必須開車30分鐘左右才能抵達、由美國教練經營的跆拳道館。孩子每週向那位美國教練學習跆拳道兩次，其實，連「一」「二」「三」「敬禮」「踢腿」等口令，都是以笨拙的韓語加英語進行。當時，在我們大人眼裡看來，向美國教練學習的跆拳道動作可謂花拳繡腿，實在是不倫不類，不但上課時間短，孩子一半的時間都在玩。儘管如此，兒子卻相當開心，每週都很期待要上跆拳道課。

學習數個月之後，因為臨時有事，必須返回韓國一段時間。回國後住的公寓對面，正好有一間跆拳道館，我便帶著兒子上門了解。這間教室每週上課5天，課程安排看起來非常具體與精實。我仔細想了想，在這裡學習一個月的效果，肯定比在美國學習好幾個月的效果好。抱著這個想法，便幫孩子報名。不過，上課一個月之後，兒子的跆拳道實力有沒有變好不得而知，但某天之後，他再也不想去上課了，自此，他放棄了跆拳道。

本書介紹的遊戲，確實具有教育上與發展上的效果。許多研究與理論，皆可做為證明。如進行〈抓石子〉遊戲，有助集中注意力。進行〈文字接龍〉遊戲，增加詞彙量及發展音韻覺識能力。進行〈故事接龍〉遊戲，培養口語表達的邏輯性與記憶力。愛因斯坦曾說過「遊戲是最高形式的研究。」俄羅斯心理學家維高斯基（L. S. Vygotsky）也說「幼兒在遊戲中奠定下一階段的發展。」

然而，遊戲最重要的，還是必須有趣才行。正如我家大兒子學習跆拳道一樣，如果勉強孩子進行不符合其程度的遊戲（或課程），那麼從那一刻起，遊戲將淪為折磨與訓練。其實，遊戲不難，和孩子一起在玩耍時開懷大笑，並樂在其中，甚至忘卻時間的流逝，那就是「遊戲」了。

即使遊戲是最適合幼兒教育的手段，不過，在樂趣消失的瞬間，遊戲也將就此喪失魔法。

遊戲不是選項，而是幼兒的權利

如果缺乏遊戲，將會發生什麼樣的後果？遊戲研究所（National Institute for Play）史都華布朗（Stuart Brown）博士數十年來，訪問過多名手段凶殘的罪犯，並調查他們幼年時的遊戲經驗。他發現這些罪犯的共通點，在於幼年時沒有開心遊戲的回憶。布朗博士得出如下結論：

幼年時的遊戲經驗不足或遊戲權利被剝奪，不僅將因此錯失啟發好奇心與學習等待（耐心）、自我調節的機會，人生前十年持續缺乏遊戲經驗，也將導致各種情緒上的問題，如憂鬱症、僵化思考、出現攻擊性，或難以抑制衝動等。

2015年5月，韓國全國市道教育監協議會（Korea Association of Regional Development Institute）頒布「幼兒遊戲憲章」。幼兒遊戲憲章（Charter for Children's Play）明確揭示「遊戲不是選項，而是幼兒的權利」。幼兒必須享有遊戲的場所與時間。送往補習班學習是選擇的問題，而遊戲是幼兒的權利。

如今我們的孩子將從幼兒蛻變為兒童，邁向更廣闊的世界，該是將開心遊戲的權利還給孩子的時候了。

請務必相信遊戲帶來的發展與教育的效果，將跳房子和打彈珠的時間還給孩子吧！給予孩子可以四處奔跑，玩得滿臉通紅，或可以什麼事也不做，盡情發呆打滾的時間與場所。真心與孩子一起享受本書的遊戲。無論是幼兒或成人，任何人都需要遊戲。

兒童發展心理學家、心理學博士

張有敬

▶ 本書使用方法 ◀

本書依據不同統合，收錄這個時期孩子必需的遊戲。透過以下說明，不僅可以掌握本書架構，亦可了解各部分的使用方法與作者的精心設計。

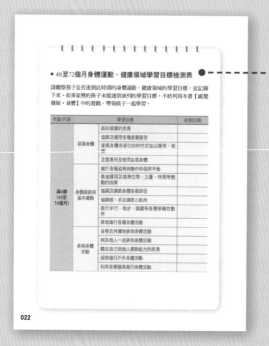

學習目標檢測表。 與第前4冊所檢附的「各個時期發展檢核表」不同，第5冊是整理各領域的學習目標檢測表。期望讀者將檢測表中提示之教育課程目標，作為期待孩子的發展與提供教育方向之參考。

五大領域分類與各個遊戲介紹。 遊戲其實能同時刺激不同的領域，不過書裡仍會以影響最大的領域作為主要分類領域。這個時期的孩子所玩的遊戲，會比5歲以前的遊戲更富有教育性、發展性。如前所述，這是各個領域發展最劇烈的時期，因此本書參考許多研究與論文，選出能夠刺激各領域發展的遊戲。

● **遊戲開場白。** 在開始遊戲前，會先針對遊戲做簡單的介紹，以便家長更能掌握整個遊戲的進行。

● **準備物品。** 提示進行遊戲必需的物品。善用家中就能輕鬆取得的材料或回收物品，也可以是孩子不錯的玩具。

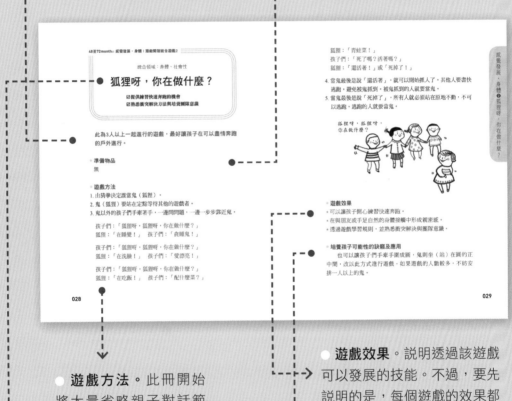

48至72month：感覺發展，身體1潛能開發統合遊戲2

統合領域：身體、社會性

● **狐狸呀，你在做什麼？**

✓提供練習快速奔跑的機會
✓熟悉衝突解決方法與培養團隊意識

此為3人以上一起進行的遊戲，最好讓孩子在可以盡情奔跑的戶外進行。

● 準備物品
無

● 遊戲方法
1. 由猜拳決定誰當鬼（狐狸）。
2. 鬼（狐狸）要站在定點等待其他的遊戲者。
3. 鬼以外的孩子們手牽著手，一邊問問題，一邊一步步靠近鬼。

孩子們：「狐狸呀，狐狸呀，你在做什麼？」
狐狸：「在睡覺！」 孩子們：「貪睡鬼！」

孩子們：「狐狸呀，狐狸呀，你在做什麼？」
狐狸：「在洗臉！」 孩子們：「愛漂亮！」

孩子們：「狐狸呀，狐狸呀，你在做什麼？」
狐狸：「在吃飯！」 孩子們：「配什麼菜？」

028

狐狸：「青蛙菜！」
孩子們：「死了嗎？活著嗎？」
狐狸：「還活著」 或「死掉了！」

4. 當鬼最後是說「還活著」，就可以開始抓人了。其他人要盡快逃跑，避免被鬼抓到；被鬼抓到的人就要當鬼。
5. 當鬼最後是說「死掉」，所有人就必須站在原地不動，不可以逃跑。逃跑的人就要當鬼。

狐狸呀，狐狸呀，
你在做什麼？

● 遊戲效果
• 可以讓孩子開心練習快速奔跑。
• 在與朋友或牽手足自然的身體接觸中形成親密感。
• 透過遊戲學習規則，並熟悉衝突解決與團隊意識。

● 培養孩子可能性的訣竅及應用
也可以讓孩子們手牽手圍成圈，鬼則坐（站）在圈的正中間，改以此方式進行遊戲。如果遊戲的人數較多，不妨安排一人以上的鬼。

029

● **遊戲方法。** 此冊開始將大量省略親子對話範例。因為這個階段孩子已經能順利溝通，父母也熟悉與孩子的對話技巧。只有需要進一步說明遊戲方法時，才會提示對話。否則，家長只要詳閱遊戲方法並對照插圖，就能輕鬆理解遊戲玩法。

● **遊戲效果。** 說明透過該遊戲可以發展的技能。不過，要先說明的是，每個遊戲的效果都相當可觀，並無法全部完整羅列於此區塊。

● **培養孩子潛能的訣竅與應用。** 這裡會提示可以改變該遊戲的幾種方法。家長不妨參照訣竅，並依據孩子實際情況調整難易度，再陪伴孩子嘗試不一樣的遊戲玩法。

015

發展淺談 適合5至6歲開始的幼兒體育

*游泳：游泳為全身性運動，有助於茁壯骨骼、增加心肺耐力與肌力。更重要的是，游泳是為了生存而必須學習的體育項目，應在幼兒期盡早開始學習。

*芭蕾：芭蕾幫助脊椎排列整齊，有助於姿勢矯正與強化肌力、肌耐力，培養作為基礎運動能力的柔軟度、平衡感、爆發力、敏捷性、協調性。此外，隨著古典音樂擺動身體，除了感性的發展外，也有助於節奏感與創意性的發展。

*跆拳道：同時使用柔軟和緩的技巧與剛強堅韌的技巧，一次訓練全身的運動。跆拳道也屬於一種修練，因此能夠學習秩序、禮節、克己、自制等態度。

*足球：最普遍也最有趣的體育項目。入門要求較其他體育項目低，相當適合運動神經不發達或對運動沒有興趣的幼兒。相較於多數幼兒體育項目為個人項目，足球為多人進行的團體項目，可培養社會性與領導能力。

● **發展淺談**。介紹關於這個時期兒童的各種研究與理論，或值得家長關注的主題。為了讓父母進一步了解孩子的發展與教育，將盡可能以言簡意賅的方式，説明複雜的研究或理論，看起來也許不過爾爾，但確實是有科學實證、有憑有據的內容。

● **Q＆A煩惱諮詢室**。實際調查家有該年齡層子女的家長，對遊戲與學習的各種疑惑，並摘選出發問頻率最高的幾個問題説明。希望多少能減輕家長在這段期間的煩惱。

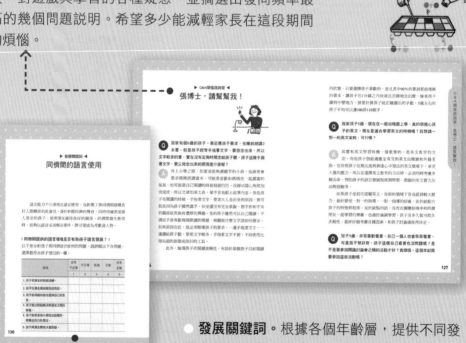

● **發展關鍵詞**。根據各個年齡層，提供不同發展主題的問卷或檢核表。雖然有置入「分數」一欄，但目的並不在於拿孩子的分數與他人比較，而是為了辨別自己的子女哪一部分的分數較高，哪一部分的分數較低，藉此幫助父母更了解孩子。

Chapter 1

專為 **48** 至 **72** 個月孩子設計的潛能開發統合遊戲

強化孩子**社交能力**與
提升**自信心**的肢體遊戲

肢體活動更旺盛，
可做複雜動作的時期

• • •

身體領域發展的特徵

一說到幼兒遊戲，大部分家長腦海中最先浮現的應該都是肢體遊戲，可見身體活動對幼兒而言相當重要。尤其是48至72個月幼兒的身體活動相當旺盛，如今不僅是跳躍，也能做出跑步、翻滾、接發球、跳起踢球等複雜動作。此外，還能使用剪刀、解開扣著的鈕扣、綁繩子、抓握鉛筆等。

這個時期是各種運動能力急速發展的時期，唯有具備良好的基礎運動能力，才能進行更專業的體育活動。此階段身體活動有助於骨骼與肌肉的發育，促進血液循環，因此規律運動的幼兒身高更高，體重也較重，更有助於心臟、肺、消化器官的發育。即使多數家長的目的不在於培養運動選手，但這個時期的身體活動與運動能力，確實深深影響著幼兒的自信心與社會性的發展。

孩子會開始比較自己與同儕的運動能力，跑步跑得快或

足球踢得好，都能為孩子帶來自信。同時，隨著團體活動的開始與增加，自然而然地結交同儕朋友，其中擅長運動的孩子，在朋友之間通常較受到歡迎。身體活動也能幫助穩定情緒與消除壓力，有益於維持孩子心理上與精神的健康狀態。

　　由於以上原因，這時期的男孩會大量學習足球、籃球等球類運動與游泳，女孩則多學習休閒類型運動、芭蕾、游泳與直排輪。近年來，跆拳道則深受男孩與女孩的歡迎。以下是此領域的建議目標，家長可以藉了解須特別著重哪方面。

此時期建議的身體運動、健康領域

・**認識身體**：培養感覺能力與運用、認識身體與活動身體。
・**身體調節與基本運動**：進行各種姿勢與動作時保持平衡、協調身體各個部位與調節動作、協調眼手與調節小肌肉、利用道具進行各種操作性動作。在基本運動方面，進行步行、跑步、跳躍等移動性動作與在原地活動身體。
・**參與身體活動**：利用各種工具自發性進行身體活動。
・**健康生活**：保持身體與周遭的整潔、享受規律的睡眠與例行生活、了解並落實預防疾病的方法。

　　從上述教育課程目標可知要加強此階段孩子的身體遊戲，以提高身體調節與基本運動的能力。本書所介紹的遊戲，將有助於培養幼兒的身體調節與基本運動能力。

增進幼兒興趣的身體活動

- **大肌肉遊戲**：跑步、原地起跳、保持平衡等使用大肌肉的遊戲，有〈狐狸呀，你在做什麼？〉（P.28）、〈再低一點的凌波舞〉（P.26）、〈單腳跳繩〉（P.31）、〈跳房子〉（P.33）、〈線上捉迷藏〉（P.35）、〈跳繩跳高高〉（P.38）、〈雙人背背〉（P.40）、〈瑜珈姿勢大不同〉（P.42）。

- **使用道具的身體遊戲**：主要在室內進行的球類遊戲，有〈曲棍氣球〉（P.48）、〈你丟我接〉（P.50）、〈腳踢保齡球〉（P.52）、〈牛奶瓶棒球〉（P.54）。

- **小肌肉遊戲**：使用手、眼協調能力與小肌肉的遊戲，有〈翻花繩〉（P.56）、〈抓石子〉（P.45）、〈甩板〉（P.58）、〈鈕扣開關遊戲〉（P.60）、〈三角形連連看〉（P.62）、〈一針一線玩縫紉〉（P.64）、〈打彈珠〉（P.68）。

目前全球強調從幼兒期開始學科教育的趨勢，兼之電腦等數位裝置的普及，幼兒的活動與休息時間正逐漸減少。然而許多研究顯示，幼兒在活動身體、跑跳玩耍後，出現精神更專注、身體更健康的結果。那怕是空閒時與孩子到戶外玩一會兒跳房子，都是給予孩子發展的最大投資。

● 48至72個月身體運動、健康領域學習目標檢測表

請觀察孩子是否達到此時期的身體運動、健康領域的學習目標，並記錄下來。如果家裡的孩子未能達到表列的學習目標，不妨利用本書【感覺發展‧身體】中的遊戲，帶領孩子一起學習。

年齡/月齡		學習目標	檢測記錄
滿4歲 （48至 59個月）	認識身體	區別感覺的差異	
		協調及運用各種感覺器官	
		掌握身體各部位的特性並加以運用、發揮	
		正面看待及使用自我身體	
	身體調節與 基本運動	進行各種姿勢與動作時保持平衡	
		善加運用及發揮空間、力量、時間等變動的因素	
		協調及調節身體各個部位	
		協調眼、手及調節小肌肉	
		進行步行、跑步、跳躍等各種移動性動作	
		原地進行各種身體活動	
	參與身體 活動	自發且持續地參與身體活動	
		與其他人一起參與身體活動	
		關注自己與他人運動能力的差異	
		規律進行戶外身體活動	
		利用各種器具進行身體活動	

滿4歲 （48至 59個月）	健康生活	了解並落實清潔雙手與牙齒的方法	
		養成保持周遭環境整潔的習慣	
		均衡飲食	
		認識有益身體的食物	
		珍惜食物並遵守用餐禮節	
		規律睡眠及適當休息	
		樂於參與每日的例行生活	
		具備良好的排便習慣	
		了解並落實預防疾病的方法	
		配合天氣與氣候情況正確穿搭	
	安全生活	安全使用遊樂器材與玩具、道具	
		知道安全的場所並玩得安全	
		了解電視、網路、通話裝置等的危害性，並懂得正確使用	
		了解與遵守交通安全規則	
		安全搭乘交通工具	
		懂得在遇到虐待、性侵、失蹤、誘拐的情況時尋求協助	
		懂得在災難或事故等緊急時刻下適當應對	
滿5歲 （60個月 以上）	認識身體	憑感覺區別對象或事物的特性與差異	
		協調及運用各種感覺器官	
		掌握身體各部位的特性並加以運用、發揮	
		正面看待及使用自我身體	

滿5歲 （60個月 以上）	身體調節與 基本運動	進行各種姿勢與動作時保持平衡	
		妥善運用及發揮空間、力量、時間等變動的因素	
		協調及調節身體各個部位	
		協調眼、手及調節小肌肉	
		利用道具進行各種操作性動作	
		進行步行、跑步、跳躍等各種移動性動作	
		原地進行各種身體活動	
	參與身體活動	自發且持續地參與身體活動	
		與其他人一起參與身體活動	
		了解自己與他人運動能力的差異	
		規律進行戶外身體活動	
		利用各種器具進行身體活動	
		進行步行、跑步、跳躍等各種移動性動作	
		原地進行各種身體活動	
	健康生活	養成自行保持身體整潔的習慣	
		養成保持周遭環境整潔的習慣	
		均衡適量地飲食	
		能選擇有益身體的食物	
		珍惜食物並遵守用餐禮節	
		規律睡眠及適當休息	
		樂於參與每日的例行生活	
		具備良好的排便習慣	
		了解並落實預防疾病的方法	
		配合天氣與氣候情況正確穿搭	

滿5歲 (60個月 以上)	安全生活	了解遊樂器材與玩具、道具的正確使用方法，並能安全使用	
		知道安全的場所並玩得安全	
		了解電視、網路、通話裝置等的危害性，並能正確使用	
		了解與遵守交通安全規則	
		安全搭乘交通工具	
		懂得在虐待、性侵、失蹤、誘拐的情況下尋求協助	
		懂得在災難或事故等緊急時刻下適當應對	

統合領域：身體、大肌肉柔軟度

「再低一點」的凌波舞

☑ 有助提升身體的柔軟度與肌力
☑ 幫助身體知覺與平衡感的發展

這是發源自中美洲的傳統雜技舞蹈，在經過木桿下方時，要盡量下腰，可不能弄掉木桿。

● **準備物品**
長木桿或繩子

● **遊戲方法**
1. 準備長木桿或繩子，由兩人手持或綁在適當的位置。
2. 首先一個人以胸部後仰、背部朝向地板的姿勢，走過木桿或繩子下方，身體不可以弄掉木桿或碰到繩子。
3. 一開始木桿或繩子置於挑戰者肩膀的高度，依次下降至胃、腰、膝蓋的高度，堅持至最後者獲勝。

● **遊戲效果**
★ 有助於提高柔軟度與肌力。
★ 幫助身體知覺與平衡感的發展。

● 培養孩子可能性的訣竅及應用

開始遊戲前，應該先做伸展運動，稍微舒展筋骨。為降低遊戲難度，改為彎腰面向地板代替後仰，以此姿勢通過木桿下，並隨著木桿高度逐漸降低，挑戰者必須思考各種通過木桿的方法。與身高較高的爸媽比賽，看誰的表現好，也相當有趣。在地板鋪上軟墊，避免跌倒時屁股受傷。

發展淺談　適合5至6歲開始的幼兒體育

★ **游泳**：游泳為全身性運動，有助於茁壯骨骼、增加心肺耐力與肌力。更重要的是，游泳是為了生存而必須學習的體育項目，應在幼兒期盡早開始學習。

★ **芭蕾**：芭蕾幫助脊椎排列整齊，有助於姿勢矯正與強化肌力、肌耐力，培養作為基礎運動能力的柔軟度、平衡感、爆發力、敏捷性、協調性。此外，隨著古典音樂擺動身體，除了感性的發展外，也有助於節奏感與創意性的發展。

★ **跆拳道**：同時使用柔軟和緩的技巧與剛強堅韌的技巧，一次訓練全身的運動。跆拳道也屬於一種修練，因此能夠學習秩序、禮節、克己、自制等態度。

★ **足球**：最普遍也最有趣的體育項目。入門要求較其他體育項目低，相當適合運動神經不發達或對運動沒有興趣的幼兒。相較於多數幼兒體育項目為個人項目，足球為多人進行的團體項目，可培養社會性與領導能力。

統合領域：身體、社會性

狐狸呀，你在做什麼？

☑ 提供練習快速奔跑的機會
☑ 熟悉衝突解決方法與培養團隊意識

此為3人以上一起進行的遊戲，最好讓孩子在可以盡情奔跑的戶外進行。

● **準備物品**
無

● **遊戲方法**
1. 由猜拳決定誰當鬼（狐狸）。
2. 鬼（狐狸）要站在定點等待其他的遊戲者。
3. 鬼以外的孩子們手牽著手，一邊問問題，一邊一步步靠近鬼。

孩子們：「狐狸呀，狐狸呀，你在做什麼？」
狐狸：「在睡覺！」 孩子們：「貪睡鬼！」

孩子們：「狐狸呀，狐狸呀，你在做什麼？」
狐狸：「在洗臉！」 孩子們：「愛漂亮！」

孩子們：「狐狸呀，狐狸呀，你在做什麼？」
狐狸：「在吃飯！」 孩子們：「配什麼菜？」

狐狸：「青蛙菜！」

孩子們：「死了嗎？活著嗎？」

狐狸：「還活著！」或「死掉了！」

4. 當鬼最後是說「還活著」，就可以開始抓人了。其他人要盡快逃跑，避免被鬼抓到。被鬼抓到的人就要當鬼。

5. 當鬼最後是說「死掉了」，所有人就必須站在原地不動，不可以逃跑。逃跑的人就要當鬼。

狐狸呀，狐狸呀，
你在做什麼？

● **遊戲效果**

★ 可以讓孩子開心練習快速奔跑。

★ 在與朋友或手足自然的身體接觸中形成親密感。

★ 透過遊戲學習規則，並熟悉衝突解決與團隊意識。

● **培養孩子可能性的訣竅及應用**

　　也可以讓孩子們手牽手圍成圓，鬼則坐（站）在圓的正中間，改以此方式進行遊戲。如果遊戲的人數較多，不妨安排一人以上的鬼。

發展淺談 幼兒期該如何進行運動？

　　在學齡前2至5歲的階段，是開始熟悉基本運動能力的時期。此時，大部分的孩子專注力仍有限，平衡感也正處於發展階段，視力與追蹤移動物體的能力尚未發展完全。因此這個時期要開始真正的體育活動，時間尚早。過早接觸有系統運動的幼兒，經常會有受傷或運動過勞的現象。長期來看，對身體並沒有太大幫助。

　　此階段進行跑步或游泳、體操、投擲與接發球等基本活動，反而比較適合。這類活動活動量大且不受標準化限制，因而可以自由遊戲練習。由於這時期幼兒專注力不長，所以經常看著他人的動作進行模仿，或自行探索、實驗而習得等模式的學習占最大部分。所以大人最好縮短直接下指令指導的時間，改採示範教學，或與遊戲時間結合。

　　另外，這個時期不妨先培養孩子的基本運動能力與體力，到6至9歲後，再開始正式運動（進入專業運動階段）。屆時孩子的視覺、注意力、向遠方丟物品等移動技巧已提高不少，也能確實遵照指令。那時再來真正進行有規則規範的跑步、足球、棒球、籃球、體操、游泳、網球、跆拳道、直排輪等運動也不遲。

統合領域：身體、社會性

單腳跳繩

☑ **可以多人共樂，也可以獨自進行**
☑ **練習跑跳步，有助於強化下半身**

利用簡單的材料輕易製作玩具，可以比賽看誰轉得比較久，也可以自然而然練習跑跳步。

● **準備物品**
線或繩子、有蓋的塑膠瓶、豆子

● **遊戲方法**

1. 轉開塑膠瓶的瓶蓋，在瓶蓋上鑽出可以讓線或繩子通過的小洞。
2. 將繩子放入【步驟1】完成的小孔，並將繩子打結，以免繩子脫落。
3. 把豆子倒入塑膠瓶，約1／3罐，並把瓶蓋蓋上。
4. 將塑膠瓶蓋外的繩子綁一個圓，圓的大小要是腳踝可以通過的程度。
5. 將其中一腳的腳踝套入圓內，並嘗試活動腳踝，使水瓶繞著腳踝周圍旋轉。另一腳在綁有水瓶的繩子經過時，應跳起以便讓繩子通過。

● 遊戲效果

★ 可以多人一起玩共樂,也可以獨自進行。

★ 可以練習跑跳步(重複一腳往前踩再跳起的動作),有助於強化下半身肌力。

● 培養孩子可能性的訣竅及應用

　　一開始需要多加練習,不過立刻就能駕輕就熟。試試看能夠讓水瓶轉到多快,又不讓繩子勾到腳。

發展淺談　溜冰

★ **直排輪**(Inline Skating):比起其他溜冰鞋,直排輪優點是學習相對容易,且較無空間與時間的限制,金錢上的負擔也較小。再加上卡路里消耗量大,又能培養柔軟度與爆發力、敏捷性、平衡感、耐力等,非常適合亟需身體發展的幼兒或兒童。

★ **花式滑冰**(Figure Skating):所有動作都在冰上完成,需要有一定程度的基礎體力當做後盾。不僅要有良好的柔軟度,也必須擁有強韌的下肢肌力以利跳躍與旋轉。花式溜冰除了是絕佳的有氧運動外,在熟練各種動作的過程中,也能有效培養自信與自我調節能力。為順利理解指令、承受練習與訓練,最快建議從6歲後再開始學習花式溜冰。

統合領域：身體、大肌肉、社會性

跳房子

☑ **移動性動作與沙包投擲提高操作性動作技能**
☑ **提升空間感知（Space Perception）能力**

同時練習單腳跳、雙腳跳與保持平衡，又能達到運動效果的遊戲。

● **準備物品**
有色膠帶、沙包

● **遊戲方法**

1. 以膠帶在地板上貼出「房子」。
2. 媽媽先將沙包丟進1號方格示範，告訴孩子「這時沙包必須丟進1號方格內，如果超出界線，就必須換下一個人玩」。
3. 教孩子「跳」的規則：第2、3、6號方格要用單腳跳。第4、5號與第7、8號方格則要用雙腳跳。
4. 到第7、8號方格要向後轉，並以相同的規則返回後，單腳站在2號方格上，撿起沙包。
5. 在2號至8號方格皆要以相同方式依序丟擲沙包。
6. 當沙包在左右邊的方格內時，單腳站立撿起沙包。在3號與6號時，雙腳站在4號與5號、7號與8號上撿起沙包。
7. 完成至8號後，到「房子」外丟擲沙包，丟入「天空」獲勝。

8. 沙包壓線或掉出線外、跳躍時踩線,皆為犯規。最快跳完「房子」的人獲勝。

● 遊戲效果
★ 藉由單腳跳、雙腳跳、方向變換等移動性動作與投擲沙包,提高操作性動作技能。
★ 提高空間感知(Space Perception)能力。

● 培養孩子可能性的訣竅及應用
　　據說數千年前的羅馬士兵也在地上畫出巨大方格,扛著沉重的物品跳房子,藉此鍛鍊身體。加上遊戲者在「房子」內的時間限制,會變成更具挑戰性的遊戲。

發展淺談 幫孩子選擇運動時必須考量的事

　　偏重單一項目,可能限制了體驗其他運動樂趣的機會,更可能導致壓力過大與運動過勞。因此,有必要檢視孩子喜愛這項活動的程度、各種運動是否強調符合該年齡的技能發展、是否有所有幼兒都能參與的機會與是否安全等問題。此外,也必須觀察教練或教師的教學風格,是否只讓表現良好的孩子積極參與,而縮減了表現較差的孩子參與活動的時間。如果孩子不喜歡操作性動作,不妨發掘其他可以持續一輩子的身體活動。騎自行車、步行、與朋友跳繩、捉迷藏,甚至是透過電動遊戲,也能進行高強度的運動或舞蹈。無論孩子做什麼,目標都在於持續一輩子的身體活動。

統合領域：身體、社會性

線上捉迷藏

☑ 發展平衡感、大肌肉調整與控制能力
☑ 因為需沿線跑，有助於空間感知發展

這不是一般的捉迷藏，是必須沿著線條移動的遊戲。所以可以在比玩一般捉迷藏小的空間內進行。因為空間較狹窄，為了不被抓到，必須以更快的速度逃跑。

● 準備物品

有色膠帶或粉筆

● 遊戲方法

1. 用有色膠帶在地板上貼出一個大正方形。如果有足夠的室外空間，可以改用粉筆在地板上畫出一個大正方形，再從正方形的各個邊拉出多條對角線（如圖）。

2. 畫出6個小圓（如圖），2個圓內畫雙腳，另外2個圓內畫單腳，最後2個圓內畫雙手。

3. 選擇其中一個人當鬼，目標是要抓其他孩子。所有人都必須在線上移動。

4. 畫有小圓的地方，是不必踩線的安全區域。在這個安全地區內，必須依照小圓內的指令動作。例如：在畫有雙腳的小圓

區域內必須「雙腳併攏跳」、在畫有單腳的小圓區域內必須
「單腳跳」、在畫有雙手的小圓區域內必須「先把雙手貼住地
板，趴下後把雙腳向上抬」等。

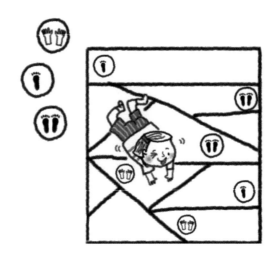

● 遊戲效果
★對平衡感、大肌肉的調整與控制能力發展相當有效。

★為了不想被鬼抓到，孩子必須盡快地沿線逃跑。

★有助於發展「空間感知」能力。

● 培養孩子可能性的訣竅及應用

　　在這個專為幼兒設計的遊戲中，不妨多畫些線條，製造
大量可通行的道路，在安全區域內，則搭配更簡單的動作，
例如：跳躍時拍手或開合跳等動作。線條畫得少，鬼和其他
人可以通過的道路越少，難度也跟著提高。各種描繪圖案的
方法與指定動作，都可以為孩子與父母（或玩伴）帶來一定
的運動效果。

發展淺談 有必要為了培養運動選手而提早教育嗎？

希望孩子成為運動選手，越早開始專業訓練項目就越好嗎？同樣在這種情況下，與其過早決定專業項目而進行訓練，不如先從遊戲開始接觸各種體育項目。

★ 小兒整形外科專家指出，年幼運動選手受到過度使用傷害的50%以上，都是因為專攻特定運動項目而造成。

★ 俄亥俄州立大學的研究指出，越是從小專注於單一運動項目的人，有更大的機率提早結束運動的生活，甚至之後的人生都不肯再運動。

★ 根據芝加哥羅耀拉大學（Loyola University Chicago）賈揚提（Neeru A Jayanthi）博士的研究，相較於進行各類運動項目的幼兒，提早專注於單一項目的幼兒，受傷的危險性高出70至93%。

★ 提早決定主修運動項目，反倒容易因為過度的壓力造成運動動機與興趣降低，面臨運動過勞的可能性更高。

統合領域：身體、大肌肉

跳繩跳高高

☑ **消耗熱量，是上肢與下肢的肌力運動**
☑ **有助於心肺功能提升，有益身高發育**

跳繩是效果非常好的有氧運動，
滿3歲的幼兒即可開始進行訓練了。

● **準備物品**
跳繩

● **遊戲方法**
1. 依照孩子的身高調整繩子的長度。雙腳踩住繩子中央站直時，將跳繩把手拉高至超過肩膀的高度，即為適當長度。
2. 教孩子直視前方，身體挺直，雙手輕貼側腰後，雙腳向兩側張開約45度。抓住把手的拇指向外，身體重心微放腳尖。
3. 首先練習沒有繩子的原地跳躍。雙眼直視前方，輕踮腳尖後跳起，手腕彷彿抓著跳繩一樣旋轉畫圓。
4. 接著將跳繩折半，用其中一手抓著並輕輕旋轉，如【步驟3】的方式原地跳躍。
5. 大拇指朝上抓住跳繩把手，跳繩置於膝蓋後方，練習將跳繩如畫圓般劃過上半身。
6. 待熟練將繩子劃過上身後，練習在適當的時機點跳起。

● **遊戲效果**

★ 跳繩是效果非常好的有氧運動，有助於心肺功能的強化。

★ 跳繩15分鐘即可消耗150至200大卡。

★ 可以強化背部、肩膀、胸部、腹部、上下肢的肌力運動。

★ 有助於孩子的身高發育與提高運動的能力。

● **培養孩子可能性的訣竅及應用**

　　首先要尋找沒有障礙物、有可吸收撞擊力道地板的場地。為減少撞擊力道，即使是在室內也要穿運動鞋。一開始難免被繩子絆倒，或因繩子打在身上而感到疼痛。不過，只要持之以恆就能學會。

發展淺談 打籃球就能長的高？

　　根據研究，決定身高60至80%的因素在於基因，其餘20至40%則受環境，也就是運動或營養的影響。如果發育期沒有充分攝取蛋白質，即使擁有可以長高的基因，也不可能完全達到預期身高。雖然傳言「打籃球就會長高」，不過運動能否影響身高，目前還沒有確實的科學根據。

　　就動物研究結果顯示，在運動後，生長激素與性荷爾蒙大量分泌，骨骼的長度會增加。目前尚未進行人體研究，但就動物研究來看，持續運動應可再增加2至5公分的身高。可以確定的是，提早開始運動，骨骼可以發育得更強壯。此外，經過研究證實，體操等運動有礙身高成長。

統合領域：大肌肉、社會性

雙人背背

☑ 活化神經系統，提高孩子專注力
☑ 改善駝背狀態，有助於姿勢矯正

這是改變頭部的位置，刺激內耳前庭器官的遊戲，無需激烈動作就能幫助提高專注力。

● **準備物品**
2人以上

● **遊戲方法**
1. 兩位小朋友要背對背站立。要注意的是，兩個人的體格體型最好不要相差太多。
2. 雙手向後交叉，用上臂互相勾住。
3. 其中一人彎腰，將另一人的屁股從下往上頂起。上面的那個人要盡量放鬆，身體自然向後仰。
4. 接著兩個人交換動作，身體後仰的人反過來彎曲身體，使對方的身體向後仰。

● **遊戲效果**
★ 透過遊戲刺激內耳前庭器官，活化神經，提高專注力。
★ 將原本駝背的背部與肩膀拉開，有助於姿勢矯正。

● 培養孩子可能性的訣竅及應用

也可雙手向後交叉坐下，進行各種動作。例如：在雙手向後交叉坐下的姿勢時，彼此輪流朝不同方向的目標移動。

發展淺談 幼兒喜歡玩危險遊戲的原因

挪威慕德皇后大學（Queen Maud University College）桑德斯特（Ellen Sandseter）教授曾研究幼兒喜歡的危險遊戲。他們會爬上和架子一樣高的地方，也喜歡盪鞦韆與攀爬繩索、滑雪盆、滑雪、溜冰，或享受在溼滑地面上移動的速度感，在某些文化中，甚至拿著刀、弓箭、農耕機具等危險工具玩，當然也少不了玩火或危險戲水、互相競逐的遊戲，或類似戰爭的打打殺殺身體遊戲。他們有時玩捉迷藏，體驗與媽媽分離的暫時性冒險，年齡稍大的幼兒喜歡進入一不注意就可能迷路的新區域冒險。

根據動物研究與演化論的說明，幼兒喜歡這種不慎可能受傷的危險遊戲，原因在於情緒調節能力。換言之，幼小動物或幼兒藉由遊戲體驗自己所能夠控制的憂慮、恐懼與憤怒，並練習對應的方法。例如：即使在打打殺殺的遊戲中差點受傷而感到憤怒，卻也因此能練習忍耐與學習處理的方式。這類經驗有助於幼兒在實際生活中，即使處於危險，也懂得忍耐與調節怒氣，維持與朋友及旁人良好關係。

統合領域：身體、大肌肉

瑜珈姿勢大不同

☑ 以舒緩與呼吸為主的伸展，可刺激生長板
☑ 消除壓力，培養專注力，預防便祕與肥胖

瑜珈是古印度發明的修煉方法，其名稱原本的意思是「一」。換言之，瑜珈除了使身體與心靈合而為一，也有助於孩子的成長發育與壓力紓解。

● **準備物品**
瑜珈墊

● **遊戲方法**
1. 端坐：盤坐瑜珈墊上，挺直腰桿，保持姿勢端正。
2. 呼吸：腹式深呼吸（吸氣時下腹部要微微鼓起）。
3. 嘗試各種瑜珈姿勢：

蝴蝶式 —— 坐姿，腳掌相對併攏，膝關節緩緩上下擺動。
杖式 —— 雙腳打直，雙手貼放於臀部兩側地板後，腳尖隨著呼吸向前向後伸展。
貓式 —— 呈趴跪姿（雙手與肩同寬撐住地板，雙膝與肩同寬跪於臀部下方），背部拱起後再向下彎曲。

下犬式 —— 類似狗伸懶腰的動作，採取站姿後彎腰，雙手貼於地板，臀部抬起，呈倒V字型。

蝗蟲式 —— 採取趴姿，腹部頂住地板，胸部與肩膀向上抬起，雙眼直視上方，雙手向後十指緊扣。

弓箭式 —— 採取趴姿，雙手向後抓住腳踝抬起，呈V字型。

4. 活動結束後，下腹部用力吐氣。

蝴蝶式　　貓式　　杖式

● **遊戲效果**

★有助於提高柔軟度、平衡感、爆發力、肌力及肌耐力。

★以舒緩與呼吸為主的瑜珈伸展，可以有效刺激生長板。

★矯正孩子的體態與姿勢，也可有效預防便祕與肥胖。

★瑜珈動作與舒緩、呼吸、冥想可消除壓力，培養專注力。

● **培養孩子可能性的訣竅及應用**

　　雖然孩子能夠立刻跟上動作，不過應避免太過勉強或造成運動傷害。在進行瑜珈動作的同時，感知身體某個部位正在移動的身體知覺能力將可獲得發展。有意識地活動肌肉，完成呼吸、動作、冥想後，再親子一起分享心情。

發展淺談 幼兒瑜珈的效果

一項研究曾以5歲幼兒為對象，其中一組連續8周教導瑜珈，另一組則進行室外遊戲，8周後，再檢測幼兒的基礎體能（肌耐力、柔軟度、平衡感、敏捷性與爆發力）與壓力。

其結果顯示，相較於進行室外遊戲的幼兒，參與瑜珈課程的幼兒在基礎體能中的肌耐力、柔軟度、平衡感肌皆有提升，敏捷性與爆發力則沒有差異。這是因為瑜珈需要在一定時間內維持相同姿勢，有助於肌耐力的發展，彎曲、打直、伸展、旋轉等動作則能提高柔軟度，單腳站立、V字式、樹式等招式對平衡感的提高有正面影響。

此外，參與瑜珈活動的幼兒壓力低於進行室外遊戲的幼兒。尤其在「不安與挫折造成的壓力」與「自尊心受傷造成的壓力」上，瑜珈組幼兒的壓力明顯低於室外遊戲組幼兒。這是因為除了瑜珈的姿勢外，呼吸與冥想也有助於情緒上的安定。

統合領域：身體、小肌肉

抓石子

☑ 透過小肌肉活動，刺激大腦
☑ 促進思考機會，集中注意力

許久以前就有的「抓石子」遊戲，是能刺激手指與手部的小肌肉訓練遊戲。雖然過去被認為是女生在玩的，不過由於刺激小肌肉的效果極佳，建議也讓男孩子也玩。

● 準備物品
小石子5顆

● 遊戲方法
1. 抓起5顆小石子，再往地上丟。
2. 抓1顆：抓起5顆石子中的1顆向上丟，並在石子落下之前，抓起地上4顆石子中的其中一顆，再以同一個手掌接住第1顆石子（手中會有2顆石子）。「抓1顆」重複4次，直到地上的石子全部抓在手上。
3. 抓2顆：完成「抓1顆」後，重新將石子往地上丟，抓起一顆石子向上丟後，一次抓起地上2顆石子，並重複一次即可。
4. 抓3顆：完成「抓2顆」後，重新將石子往地上丟，抓起一顆石子向上丟後，一次抓起地上3顆石子。地上剩下的1顆石子以「抓1顆」方式收拾。

5. 抓4顆：抓住所有石子，將其中1顆向上丟，在石子落下前，將4顆石子往地上丟。接著將1顆石子往上丟，在石子落下前，一次抓起地上4顆石子，再接住落下的石子。

6. 拋接：完成「抓1顆」到「抓4顆」後，將所有石子放在手掌上，向上丟，迅速以手背接住落下的石子。接著，將手背上的石子直接向上拋，並在空中抓住石子。這時抓住的石子數即為增長的歲數。

7. 在抓石子時，如果沒能接住落下的石子，或沒能抓起地上的石子，或抓到其他石子，或在拋接時沒能抓住從手背往上拋的石子，就必須換下一個人。

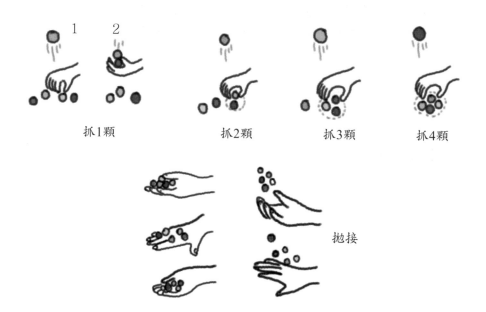

抓1顆　　　　抓2顆　　　抓3顆　　　抓4顆

拋接

● 遊戲效果

★ 藉由手與手指小肌肉活動，刺激對應的大腦部位。

★ 根據石子所在的位置與方向，思考各種抓住石子的策略。

★ 有助於培養沉著、集中注意力的能力。

● 培養孩子可能性的訣竅及應用

　　傻瓜抓石子：與一般抓石子不同，不必接住一開始向上丟的石子，只要在石子落在地上前，抓住地上的石子即可，為改良版抓石子遊戲。

　　多人抓石子：將多顆石子丟在地上，眾人圍成一圈坐下，每次抓2顆以上的石子，拿下最多石子的人獲勝。

發展淺談 正確握筆的訣竅

　　沒有學好正確握住鉛筆或蠟筆的方法，只要稍微寫幾個字，就容易手痠。所以要學好書寫，必須先從握筆開始。三隻手指握筆為正確握筆姿勢，首先以中指支撐鉛筆，大拇指與食指呈圓形握住鉛筆。此時，第四隻手指（無名指）與小拇指必須貼住掌心，握筆的三根手指才能自由活動。一開始在無名指與小拇指下放一張紙，練習夾住紙張，有助於學習握筆。

統合領域：身體、大肌肉操作

曲棍氣球

☑ 發展眼睛與手部的協調能力
☑ 室內即可進行的大肌肉運動

這是一個以氣球代替曲棍球的大肌肉遊戲，即使在室內也可以輕鬆進行。

● **準備物品**

氣球、廚房紙巾芯（或包裝紙紙芯、
長紙筒）、厚紙板（約20 × 15公分）、
膠帶、大紙箱或籃子

● **遊戲方法**

1. 製作曲棍球桿。於紙芯的兩端以剪刀剪出8公分線條。
2. 將厚紙板插入裁剪的縫隙內，以膠帶貼緊，避免脫落。
3. 用曲棍球桿嘗試將氣球推入紙箱或籃子內。

● **遊戲效果**

★發展眼睛、手部的協調能力。

★這是在室內進行的大肌肉運動。

● **培養孩子可能性的訣竅及應用**

　　使用紙製曲棍球桿雖然比較沒有受傷的危險，仍必須小心氣球爆開。也可以利用紙餐盤代替曲棍球桿，像打桌球一樣玩改良版桌球氣球。

幼兒發展淺談　無法專心時，更需要運動

　　某研究將幼稚園至小學2年級的幼兒分為兩組，一組連續12周在每天早上上課以前，進行30分鐘的有氧運動，另一組則參與安靜坐在教室內進行的活動。參與研究的幼兒，一半是狀態正常的幼兒，另一半是有注意力缺失症的幼兒。結果顯示，運動組的專注力與情緒比非運動組提高許多。此外，運動效果不僅出現在正常幼兒身上，對不易專注的幼兒也有相同效果。還有一項類似研究。讓一組幼兒每天閱讀20分鐘，另一組幼兒在跑步機上運動。之後測量幼兒的注意力與閱讀、數學能力、腦波等，結果顯示運動組的檢測分數比閱讀組高出許多。

　　部分美國學校運用這些研究，在課程與課程之間安排孩子以身體模仿英文字母或跳尊巴舞（Zumba）。也有每天3次，一次10分鐘的原地跳躍或深蹲（Squat）的運動課程。

統合領域：身體、大肌肉、探索

你丟我接

☑ 促進手眼協調力與操作力
☑ 學習控制丟擲力道的方法

隨心所欲控球的技術，在幼稚園或小學階段愈加重要。利用這個與或遠或近的同伴玩接發球，再搭配顏色名稱、數字、圖形的認知活動，就是好玩不枯燥的球類遊戲。

● **準備物品**
大而輕的球、色紙、膠帶

黃色

● **遊戲方法**

1. 將各種顏色的色紙兩兩一組（黃色／黃色、紅色／紅色、藍色／藍色）貼在地板上。此時兩張相同顏色的色紙至少要保留1公尺左右的距離，至於與其他色紙的距離，則可以隨意調整遠近。

2. 先由爸爸（或玩伴）站在其中一張色紙上，喊出色紙的顏色，例如「黃色」。

3. 孩子必須盡快找出黃色色紙，並站到色紙上。

4. 接著，爸爸朝地上丟球，彈向孩子可以接住的範圍。

5. 孩子接到球後，喊出另一個顏色（例如「藍色」），這時爸爸與孩子都必須移動到指定顏色（即藍色）色紙上。

● **遊戲效果**

★ 促進手、眼協調能力與操作能力的發展。

★ 因要將球丟給不同距離的玩伴，藉此學習控制力道。

★ 提高認知顏色名稱的能力與反應力。

● **培養孩子可能性的訣竅及應用**

　　具備良好的控球能力，除了影響幼兒的身體發展，對信心的發展也發揮很重要功能。不妨以滾球、投球、擊球代替拍球，也可以利用圖形或數字代替色紙。

發展淺談 刻意遊戲比訓練更重要

　　要成為一名優秀的運動選手，據說至少需要一萬個小時的刻意練習（Deliberate Practice）。然而，近來出現與刻意練習相對應的概念──「刻意遊戲（Deliberate Play）」，並有主張認為其效果比刻意練習更好。

　　刻意遊戲尤其適合幼兒，由於可以帶來立即滿足，加上遊戲本身亦有趣，在長久維持運動上發揮關鍵功能。主要像孩子在公園玩的足球或籃球遊戲，分組依照彈性較大的規則進行。由於是有規則的遊戲，因此與自由遊戲又不相同。

　　有過刻意遊戲經驗的幼兒，通常會投入更多、更長的時間在運動上。刻意遊戲能提高運動技能、情緒能力與創意性。專家學者一般建議，在12歲以前，應盡可能使用80%的時間在專業項目以外的其他運動項目與刻意遊戲上。

統合領域：身體、大肌肉

腳踢保齡球

☑ **熟悉正確的踢球動作**
☑ **練習以不同力道踢球**

這是一個可以在室內簡單進行的射門練習，同時也是讓孩子熟悉踢球動作的遊戲。

● **準備物品**

大小相同的寶特瓶10個、大而輕的球 ×10

● **遊戲方法**

1. 排列寶特瓶陣式。最前排1個、第2、3、4排依序為2個、3個、4個。

2. 至少站在寶特瓶1公尺外的位置，以腳踢球，撞倒水瓶。

3. 動作熟練後，再逐漸拉長踢球的距離。

● 遊戲效果

★熟悉正確踢球的動作。

★練習以各種速度與力道踢球。

● 培養孩子可能性的訣竅及應用

　　一開始先試著以手滾球擊倒水瓶，再嘗試踢球的動作。此外，也可以試著使用不同大小或材質的球。

發展淺談 害怕盪鞦韆或降落傘的孩子

　　有些孩子特別害怕爬上滑梯或攀登架，或盪鞦韆時有誰從後面推一把，便嚇得驚慌失措。不僅如此，躺在牙醫診所的診療椅上時、在美容院仰頭洗髮或剪髮時，甚至對電梯或樓梯都有一股莫名的恐懼。這種害怕站在高處或搖晃、低（仰）頭等頭部姿勢出現變化的情況，稱為「重力不安全感（Gravitational Insecurity）」。

　　重力不安全感是對耳石器官感知的前庭覺過度反應的症狀，出現在身體平衡被破壞時，不易依照身體的活動維持姿勢或運動的幼兒身上。此時，比起將孩子刻意放到高處，或放上鞦韆用力搖晃，更重要的是讓孩子產生主動嘗試的想法。

　　為此，必須在孩子不感到害怕的程度下，一點一滴給予刺激。例如：讓孩子體驗坐在大人膝蓋上，再從滑梯上溜下來，或先由大人示範，讓孩子預測如何移動並預作準備。一點一滴提高刺激的程度，幫助孩子建立可以自行嘗試的信心。

統合領域：身體、大肌肉

牛奶瓶棒球

☑ 發展手、眼協調能力
☑ 練習以不同力道投球

利用喝完的牛奶瓶玩接發球的棒球遊戲。

報紙球

● 準備物品
有把手的家庭號牛奶空瓶（或類似大小、有把手的洗衣精瓶）、剪刀、美工刀、膠帶、報紙（或網球）

● 遊戲方法
1. 將空的牛奶瓶洗淨晒乾後，以美工刀割下上半部。由於使用美工刀比較危險，這個部分建議由爸爸或媽媽來執行。
2. 將牛奶瓶切口修整平順，再貼上膠帶。
3. 報紙揉成一球後，以膠帶纏繞（或使用網球）。
4. 由爸爸投球，孩子以牛奶瓶接球。再角色交換。

● 遊戲效果
★ 發展手眼協調能力。
★ 熟悉以各種速度與力道投球的感覺。

● **培養孩子可能性的訣竅及應用**

　　如果只有一個人玩，可以練習一手投球，另一手以牛奶瓶接球。等動作熟練後，再交換投球的手與拿牛奶瓶的手。也可嘗試以各種方式投球，使用將手從肩膀下高舉過肩膀，同時施力拋球。熟練後，再嘗試將手高舉過肩膀，放下手時投出球。

幼兒發展淺談　幼兒玩球的發展歷程

★ **投球**：6個月左右就可以開始練習投球。3歲以前，主要利用手臂力量投球。從6歲開始，懂得伸出與投球手臂不同邊的腳，甚至利用腰部力量來投球。

★ **接球**：一開始以雙手接球，再逐漸轉變為單手接球。在4至5歲能夠依照球的位置移動身體與手臂。從5至6歲起，就能夠以手掌接球。

★ **拍球**：這是相對困難的動作。一開始使用雙手拍球，隨著動作逐漸熟練，能在臀部的高度單手拍球。

★ **踢球**：3歲左右開始會彎曲膝蓋向後走，便能做踢球動作。雙腳逐漸掌握平衡後，能夠以更大幅度從後方向前踢球。

★ **擊球**：利用球拍、木棒等器具擊球。在3歲以前，多從垂直面擊球。隨著年齡增加，開始出現水平擊球的動作。進入5歲左右，能握住木棒稍微向後再揮棒。

統合領域：身體、小肌肉

翻花繩

☑ 促進腦部發展與提高專注力
☑ 過程充滿挑戰，獲得成就感

只要有一條繩子，隨時隨地都能進行的絕佳小肌肉遊戲。
據說全世界有超過2000種的翻花繩方法。

● **準備物品**

70至90公分長的粗線或繩子

● **遊戲方法**

1. 基本招：將繩子掛在孩子雙手上，再纏繞一遍。右手中指將穿入左手手掌的繩子挑起，左手中指重複上述動作。

2. 棋盤：孩子做好基本招後，媽媽以大拇指與食指抓住繩子交叉的X字位置，由內往外拉，再從下往上挑取。此時孩子將抓住繩子的手放掉。

3. 小河：完成棋盤後，由孩子以大拇指和食指抓住繩子交叉的X字位置，往上拉起後向外拉，再從最外面的繩子下方繞進中間中空的部分。此時媽媽將抓住繩子的手放掉，孩子張開雙手的大拇指與食指，拉緊繩子。

4. 牛槽：完成小河後，以右手小拇指挑起左邊中間的繩子後拉起，左手挑起右邊的繩子，使彼此交叉。接著張開大拇指與食指，往上挑起拉緊。此時孩子將抓住的繩子放掉。

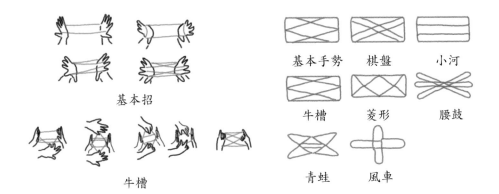

基本招

牛槽

基本手勢　棋盤　小河

牛槽　菱形　腰鼓

青蛙　風車

● **遊戲效果**

★ 發展孩子的手、眼協調能力。

★ 刺激與運動指尖有助促進腦部發展與提高專注力。

★ 一一挑戰各種不同的花樣，從中獲得成就感。

● **培養孩子可能性的訣竅及應用**

　　無論是單人或雙人參與，翻花繩都能玩出不同的花樣。

發展淺談 握筆的階段

　　4歲左右的幼兒，不少會以五根手指握筆。使用五根手指握筆或蠟筆的姿勢，大多是手腕離開桌面，利用手腕的力量移動鉛筆或蠟筆。在手指肌肉逐漸開始發展的5至6歲，以三根手指（大拇指、食指、中指）握筆的動作變得較為自然。一開始可能持續使用手腕力量移動，之後逐漸能活用手指。有時五指握筆與三指握筆的姿勢交替使用，不過隨著肩膀與手臂肌肉的發展，最後將自然而然修正為用三指握筆。

統合領域：身體、小肌肉、探索、社會性

甩板

☑ 培養制定規則並遵守的精神
☑ 讓孩子擁有接受輸贏的經驗

透過傳統的甩版玩具，爸爸、媽媽可以學習摺甩板的方法，也可以和孩子一起玩甩板。

● **準備物品**
較厚的紙

● **遊戲方法**

1. 摺甩板的方法如右圖所示。
2. 猜拳輸的人將自己的甩板放在地上。此時應尋找地板平坦的地方，以免甩板翹起。
3. 贏家舉起自己的甩板，用力丟向地板，使對方放在地上的甩板翻面。或用腳靠近對方甩板，取斜面丟出甩板，使對方甩板翻面。
4. 使地板上的甩板翻面後，即可吃下翻面的甩板，對方必須再拿出新的甩板。如果甩板沒有翻面，則輪到下一人，由最初放甩板的人丟甩板。

● 遊戲效果

★ 給予機會觀察與思考甩板不同的大小、重量、材質，哪一種更容易贏得勝利。

★ 熟悉各種丟甩板的方法。

★ 培養制定遊戲規則並遵守的公德心。

★ 讓孩子有接受輸贏的機會與經驗。

● 培養孩子可能性的訣竅及應用

★ 擊出圓形：在一個圓內丟甩板，使對方甩板離開圓外者獲勝。

★ 丟遠：一起丟出甩板，飛最遠的人獲勝。

★ 擊出三角形：將對方甩板收集在三角形內，從稍遠處將甩板丟向三角形，將對方的甩板擊出線外者獲勝。

發展淺談 攀登架遊戲適合手掌無力的孩子

有些孩子手掌無力，稍微握一下蠟筆或鉛筆就喊手痠。這些孩子必須先強化大肌肉。在運動發展原理中，有一個從中心向外發展、從上向下發展的理論。根據這項理論，要能長久握筆，必須先發展與手掌相連的大肌肉才行。若是如此，使用手掌抓握的大肌肉運動皆可有效幫助小肌肉的強化。例如：爬上攀登架等遊樂器材、拉單槓、拔河等，這類含有抓握、放鬆動作的大肌肉運動都不錯。經常使用肩膀與身體的大肌肉，手掌力量也會增強。

統合領域：身體、小肌肉

鈕扣開關遊戲

☑ 訓練開關鈕扣需使用的小肌肉
☑ 有助學習整合雙手使用的方法

能夠獨立穿脫附有鈕扣的衣服，將為孩子帶來極大的成就感與意義。這個遊戲即可帶來這種成就感。

● 準備物品
各種大小的鈕扣、不織布、紙盒、剪刀、膠水、針、線

● 遊戲方法
1. 將各種鈕扣縫在不織布上。再以膠水將不織布黏在紙箱蓋子上。
2. 多出的不織布依照鈕扣量裁為數片，剪出可套進鈕扣的洞。
3. 將不織布碎片套進鈕扣內。

● 遊戲效果
★ 有助於訓練開關鈕扣必需使用的小肌肉。
★ 發展孩子的手、眼協調能力。
★ 有助於學習整合雙手使用的方法（雙側整合，Bilateral Integration）。

● 培養孩子可能性的訣竅及應用

　　在紙餐盤上開個小洞，先讓孩子練習將鈕扣或硬幣放入洞孔內，有助於學習。利用大人的舊襯衫或附有鈕扣的舊衣服，也可以練習開關鈕扣。穿著衣服、開關鈕扣時，由下往上較為容易。

發展淺談 學會使用智慧型手機更早於綁鞋帶

　　相較於發展上的重要技能（例如：騎自行車、綁鞋帶、寫名字），近來孩子們更早開始學習電子產品的使用。一間名為AVG的網路資安公司曾以美國、英國、加拿大等10個國家、約2000名左右的2至5歲幼兒的父母為對象，進行名為「電子日記」的一系列實驗。

　　在該研究中，調查學習重要發展技能的年齡與使用電子產品的年齡。從結果來看，在2至3歲幼兒中，會騎自行車的幼兒比率（43％）與能夠進行簡單電腦遊戲的幼兒比率（44％）幾乎相同。而在2至5歲幼兒中，有19％懂得使用手機APP程式，卻只有9％會綁鞋帶。懂得使用瀏覽器的幼兒（25％）多於會自己游泳的幼兒（20％）。

　　這個結果顯示，數位技能的發展與忙碌的父母，孩子親近電腦與智慧型手機更勝於電視，且相較於綁鞋帶等未來生活中必需的重要技能，孩子更先學習數位技能。

統合領域：身體、小肌肉、探索

三角形連連看

☑ 透過遊戲練習畫線與畫三角形

這是只要有紙張與鉛筆，就能輕鬆進行的遊戲。在紙張上畫圓點，並連接點與點畫成三角形。

● 準備物品

A4紙、鉛筆、簽字筆、蠟筆

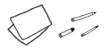

● 遊戲方法

1. 在A4紙上隨意畫上大量的小圓點。

2. 兩人猜拳，由贏家先連接兩個點與點（或線與線）。畫出越多三角形越好。這時線條必須是直線，不可以穿越已經畫好的其他線條。三角形內也不可以有圓點。

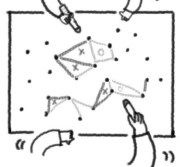

3. 連接圓點之後，成功畫出三角形，即可在三角形內標上屬於自己的記號。

4. 遊戲進行到無法再畫線條為止，畫最多三角形的人獲勝。

● **遊戲效果**

★藉由趣味遊戲練習畫線與畫三角形。

● **培養孩子可能性的訣竅及應用**

　　利用各種書寫工具畫線。如果還無法精準畫出直線，在三角形連連看遊戲前，可以先進行畫線遊戲。

發展淺談 綁鞋帶

　　不少孩子到了5、6歲，還不太會綁鞋帶。在綁鞋帶前，必須具備各種能力（即手眼協調、視覺知覺、觸覺知覺、雙側協調、小肌肉的發展）。換言之，練習綁鞋帶可同時發展多樣且複雜的能力。用兩種顏色鞋帶，讓孩子練習綁鞋帶：

1. 在厚紙板上打兩個可以穿過鞋帶的洞。
2. 將鞋帶摺半，一邊以黑色麥克筆塗色，另一邊以紅色麥克筆塗色。
3. 將紅色鞋帶放在黑色鞋帶的中間，使兩條鞋帶交叉。
4. 抓住黑色鞋帶頭，往上蓋過紅色鞋帶，再往下穿入洞內。
5. 抓住黑色鞋帶頭與紅色鞋帶頭，向兩旁拉緊。
6. 抓住黑色鞋帶與紅色鞋帶各圍成環狀或兔耳朵形狀。
7. 將紅色圓圈放在黑色圓圈中間，使兩個圓交叉。
8. 抓住黑色圓圈頂端，往上蓋過紅色圓圈，再穿入洞內。
9. 手指伸進圓圈內，抓住圓圈用力拉緊。

統合領域：身體、小肌肉

一針一線玩縫紉

☑ 發展孩子的手、眼協調能力
☑ 使心情沉穩，提升耐心與專注力

打掃、縫紉、料理等爸媽眼中的日常家務，對幼兒而言，不但是有趣的遊戲，也是絕佳的小肌肉活動。在華德福、蒙特梭利等知名幼兒教育體系中，都涵蓋了縫紉的課程。近來不只是女孩，連男孩也對料理、編織感興趣。現在就從最基礎的縫紉學起。

● 準備物品

回收保麗龍容器、毛線、可穿毛線的大針

● 遊戲方法

1. 以洗碗精將盛裝魚肉或肉類的薄保麗龍盤洗淨、晒乾。
2. 在保麗龍盤背面以鉛筆畫出想要呈現的設計。
3. 依照設計圖以大針穿孔。
4. 將毛線穿進大針內，並將毛線的末端打結。
5. 將大針穿入保麗龍盤上的孔洞，再從下一個孔洞穿出。依此方式完成縫紉。

6. 最後，可以用毛線纏繞製作掛勾，也可以剪下細長的不織布製作掛勾。

● 遊戲效果
★發展孩子的手、眼協調能力。
★心情變得沉穩，提升耐心與專注力。

● 培養孩子可能性的訣竅及應用
　　針雖然是縫紉時重要的工具，不過使用時應特別注意，避免造成他人受傷。因此使用完之後，務必插回針包上，多次在保麗龍上練習縫紉後，不妨挑戰在日常生活中可以使用的手帕上縫紉。

發展淺談 小肌肉發展遲緩幼兒的特徵

　　小肌肉發展遲緩幼兒總要求媽媽幫忙畫圖，或要求爸爸幫忙堆積木、組合玩具，自己卻不願意嘗試。當孩子有以下特徵，可能就有小肌肉發展遲緩的現象：
★握筆姿勢比同齡孩子生硬且彆扭。
★不太會使用剪刀。畫圖、著色或書寫的速度偏慢，甚至孩子會感覺困難，且通常字跡筆畫相對潦草。
★不擅長開關鈕扣、拉拉鍊、縫紉、綁鞋帶。
★討厭需要發揮眼、手協調能力的活動，例如：堆積木、拼拼圖、照樣畫圖等。
★不易學習新的小肌肉活動，且一開始就立刻感到勞累。

統合領域：身體、小肌肉、社會、探索

鈕扣高爾夫

☑ 訓練手指力量，使遊戲順利進行
☑ 結合思考，增加孩子動腦的機會

以鈕扣進行的一種甩板遊戲，能有效增強手指力量。

● 準備物品
廚房紙巾或捲筒衛生紙的紙芯數個、牙籤9根、白色圖畫紙、麥克筆、剪刀、膠帶、鈕扣（要準備外圍凸起的鈕扣與平面的鈕扣）

● 遊戲方法
1. 將捲筒衛生紙紙芯裁為4公分高，共製作9個（高爾夫球洞）。
2. 將圖畫紙裁為底4公分、高5公分的等腰三角形，共製作9個。
3. 在三角形的底邊打2個洞，插入牙籤，製成9面旗幟。
4. 在旗幟上標示數字1至9，以膠帶分別固定於9個高爾夫球洞上。
5. 將9個高爾夫球洞隨意放置於地上。
6. 從1號高爾夫球洞開始，先將外圍凸起的鈕扣放在地上，上面以平面鈕扣按壓，使鈕扣彈起，落入高爾夫球洞內就算成功。
7. 接著，以相同的方法挑戰2號至9號球洞。

● 遊戲效果

★為了按壓鈕扣使之彈起，手指必須具備一定的力量。

★使孩子思考讓彈起鈕扣所需的力量與方向等。

● 培養孩子可能性的訣竅及應用

　　雙人遊戲時，應先制定規則，如果鈕扣沒有彈進洞裡，則輪到下一個人。成功進洞，則繼續挑戰下一個數字的球洞。

發展淺談 提高小肌肉技能的方法

　　小肌肉技能發展在5至7歲間最為顯著，到8至10歲已經看不見發展差異。因此5至7歲階段可以稱得上是小肌肉發展的黃金期。當然本書介紹的小肌肉活動與藝術活動也有益小肌肉發展。另外，規律進行以下活動必定有所幫助：

★洗牌與發牌，或以卡片蓋房子，或堆硬幣。

★綁鞋帶

★以手指或夾子夾起硬幣、鈕扣、彈珠等小物品再放下。

★手中握住石子、圍棋子等物品，朝各個方向轉動。

★將黏土捏成球狀或長條狀。

★將報紙揉成球。

★開關鈕扣或別針。

★雙手握住螺絲起子，試著轉緊或轉鬆各種大小的螺絲。

★擺放盤子或碗。

★將鑰匙放進鑰匙孔內旋轉，或扭開、扭緊瓶蓋。

★寫字或在鍵盤上打字。

統合領域：身體、小肌肉、社會性

打彈珠

☑ 學習適當地調整手指的力量
☑ 培養衝突時解決問題的能力

無論在韓國或全世界，打彈珠都是孩子喜愛的遊戲，這將有助於調節手的力量。

● 準備物品
彈珠（或圍棋子）

● 遊戲方法
1. 以猜拳決定順序，由最後的贏家撒彈珠。
2. 贏家先瞄準離自己最近的彈珠，將自己的彈珠彈出去。如果打中彈珠，就可拿下該彈珠，並於原地再打一次彈珠。如果沒打中，就必須將彈珠留在停下的地方，由下一個人打彈珠。
3. 遊戲進行至所有彈珠被拿完為止。

● 遊戲效果
★為打中彈珠，必須適當地調整手指的力量。
★遵守遊戲規則，培養衝突出現時解決問題的能力。

● **培養孩子可能性的訣竅及應用**

　　在遊戲開始前，先說好遊戲中拿下的彈珠必須於遊戲結束後歸還。也可以嘗試進行不同的玩法：

①畫一個三角形，將所有彈珠放在三角形內，之後站在一定距離外的線上，將三角形內的彈珠往外打（三角彈）

②將彈珠貼在牆壁上，依序沿牆壁落下，若打中其他人的彈珠，即可拿走彈珠，或彈珠滾最遠的人獲勝（走牆壁）

發展淺談 不想成孩子成為肥胖高中生的話⋯⋯

　　一項研究結果顯示，幼兒期的大肌肉運動，尤其是球類遊戲等物體操作性動作，可預防青少年期的肥胖問題。根據美國奧克拉荷馬州州立大學與坦帕大學（The University of Tampa）研究團隊指出，幼兒期的運動發展能力可預測高中階段的體力。

該研究先對300餘名男女幼兒（平均4.8歲）的大肌肉運動進行檢測，分別測量移動性動作技能（奔跑、跳躍、跑跳步、跑馬步、單腳跳等）與物體操作技能（雙手擊球、拍球、接球、踢球、丟球過頭）。奔跑、跳躍等移動性動作為基本運動技能，物體操作技能為體育相關技能。

　　在11年後，重新追蹤這些已經是高中生的受測者，並檢測其體力（長跑、仰臥起坐、坐姿伸腿、體脂肪比率等）。檢測結果顯示，幼兒期大肌肉運動發展分數較高的幼兒，即使到了青少年期，所有體力發展指標的分數依然較高。有趣的是，比起奔跑、跳躍等移動性動作技能，拍球等物體操作技能更能預測整體的體力。

　　從研究結果來看，在青少年期以前，為提高長期的體力與預防肥胖，最好教導孩子投擲、接球、踢球、擊球等運動技能，效果會比一般的身體活動與移動技能好。這是因為學習踢球、投球、接球等運動技能的同時，也能發展一般的奔跑、跳躍能力。這個結果顯示，數位技能的發展與忙碌的父母，孩子親近電腦與智慧型手機更勝於電視，且相較於綁鞋帶等未來生活中必需的重要技能，孩子更先學習數位技能。

張博士，請幫幫我！

Q 我家有個6歲的男孩，他走路和說話似乎都比同齡孩子慢，尤其手部動作慢了更多，很讓人擔心。我讓他玩著色和畫圖的遊戲，不過孩子並不怎麼喜歡。如果小肌肉發展遲緩，去學校會不會很難適應？有沒有什麼可以在家刺激小肌肉發展的方法？

A 小肌肉技能在5至6歲間顯著發展，因此這個階段可以視為小肌肉發展的黃金期。如果這時小肌肉無法充分得到發展，進入小學之後，就可能有適應不良的問題。

小肌肉與大部分的書寫、畫圖等學習技能，及使用剪刀、勞作、摺紙等工具操作有關。對於生活中必需的自理技能（Self-Help Skills），例如扣上衣服鈕扣、拉拉鍊、使用湯匙筷子等，也相當重要。刷牙與使用肥皂盥洗等衛生技能，也與小肌肉息息相關。除此之外，在拼拼圖、堆積木等遊戲中，少不了小肌肉。

若在進入小學就讀後，小肌肉發展依然遲緩，進行上述活

動有所障礙時，對校園生活可能感到某種程度的不便。幸好距離就讀小學還有一段時間，從現在起，應盡可能多進行能幫助小肌肉發展的遊戲或活動。

　　首先，找出孩子的慣用手，讓孩子頻繁使用慣用手，必要時，不妨多以另一手抓住物品來輔助慣用手的方式練習。以手指夾起迴紋針、毛絨球、豆子等小物品，或利用夾子、筷子夾起物品，這些練習都有助於強化手與手指的力量。

　　此外，關於使用手、眼協調能力與小肌肉的遊戲，可參考本書介紹的〈翻花繩〉（P.56）、〈抓石子〉（P.45）、〈甩板〉（P.58）、〈鈕扣開關遊戲〉（P.60）、〈三角形連連看〉（P.62）、〈一針一線玩縫紉〉（P.64）、〈打彈珠〉（P.68），與孩子一起進行刺激小肌肉發展的遊戲，不僅能消除孩子的壓力，也有助於小肌肉的發展。另外，請一併參考〈發展淺談：正確握筆的訣竅〉（P.47）。為了小肌肉的發展，除了手掌外，必須先能靈活運用前臂、肩膀等大肌肉才行。關於這方面，請參考〈發展淺談：攀登架遊戲適合手掌無力的孩子〉（P.59）。

Q 我家是5歲的女孩，孩子活動量較大，好像精力永遠用不完，所以想要讓她學跆拳道。可是才學了兩天，就說不想學了。什麼樣的運動適合5歲女孩呢？

A 看來是您是擔心孩子「才學了兩天跆拳道就放棄」這件事呀。這個時期除了運動外，也能開始積極接受音

樂、美術等教育，其中包括孩子討厭的活動與孩子喜歡而開始學的課程，為了防止最後無疾而終的情形，在投入新活動前，應保持謹慎的態度。首先最好積極聽取孩子的想法，並透過體驗課程或親自前往授課地點了解，累積一定的事前知識，再判斷可行性。另外，事前也應與孩子約法三章：開始之後，至少要堅持3個月，才能重新評估要不要繼續上課。

跆拳道有助於柔軟度、敏捷性、平衡感、爆發力、肌耐力等基本體能的發展，若孩子不喜歡跆拳道，務必詢問孩子討厭的原因。如果原因是在適應跆拳道課程後就能解決的問題，那麼即使孩子吵著要放棄，也請讓他繼續學下去。這也可能是換到另一間道館就能解決的問題。

不過，要是非得換成其他體育項目不可，請選擇這個階段女孩會喜歡的芭蕾或體操、溜冰等運動。更多資訊可以參考〈發展淺談：適合5至6歲開始的幼兒體育〉（P.27）。

Q 我家是5歲男孩，最近忽然對自己的身體特別感興趣。應該透過書本滿足他這方面的好奇心，還是用其他方法解決才好，真讓人傷腦筋。

A 幼兒從很早就開始關注自己的身體。1至2歲時，有時撫摸自己的生殖器。2至3歲時，開始對性產生興趣。3至4歲時，也對嬰兒的出生感到好奇。到了4至5歲左右，甚至和朋友玩性方面的遊戲。所以當孩子開始對自己的身體或性發問時，就是必須進行性教育的時刻了。

這個階段的性教育，具體應包含：孩子的身體外形、男女身體有何不同、如何珍惜自己的身體與他人的身體、在他人碰觸我的身體等危險情況或感到不適時，該如何保護自己的身體、兩性平等相關內容。

進行性教育時，如果父母的態度過於慌張，忽視或負面看待孩子的問題，孩子對性的好奇反倒可能轉而透過自慰等扭曲的行為來抒發。因此，必須以自然且客觀的態度給予指導。例如正確教導生殖器的名稱與功能，對於孩子之間性方面的遊戲與行為，也應給予具體的教育。

利用世界名畫談論男女身體的差異，或在孩子洗澡時間自然談論性，都是可行的性教育方法。最方便的方法，是使用分門別類收錄性教育內容的各種繪本。

Q 我家是5歲女孩，身高和體重都比同儕發育得好。但是孩子從小活動力落後平均水準不少。即便如此，孩子走路還算平穩，也就沒有太擔心。只是最近不知道是不是缺乏運動神經，身體活動不如同儕。有沒有什麼可以培養運動能力的方法呢？

A 幼兒期是身體活動發展相當重要的時期。90％使用大肌肉的身體活動，與80％使用小肌肉的身體活動，從幼兒期持續發展至小學高年級。因此，這個階段經歷充足的身體活動的幼兒，不僅在大、小肌肉的發展上獲得幫助，即使未來長大成人，享受身體活動的可能性也較大。反之，如果從小

缺乏身體活動，不僅運動發展緩慢，未來也可能面臨肥胖的問題，因此充足的身體活動時間不可或缺。

　　現在開始也不遲。培養孩子運動能力最好的辦法，就是和孩子一起進行的身體遊戲。請與朋友或同儕一起進行本書介紹的〈狐狸呀，你在做什麼？〉（P.28）、〈再低一點的凌波舞〉（P.26）、〈單腳跳繩〉（P.31）、〈跳房子〉（P.33）、〈線上捉迷藏〉（P.35）、〈跳繩跳高高〉（P.38）、〈雙人背背〉（P.40）等遊戲。這些遊戲不但有趣，也有助於運動能力的發展。

　　除此之外，腳鬥士、蹺蹺板、跳呼拉圈、接發球、通過障礙物、走平衡木等活動，也有助於培養孩子的基礎體能。最簡單的方法，是每天和孩子走6000步左右。騎自行車也是不錯的運動。亦建議每天至少進行60分鐘稍微喘氣的高強度身體運動。多與孩子累積愉快的身體活動經驗，在不知不覺間，孩子的體力將有所提升，基本運動能力也將有所提高。

基本運動能力

　　所謂基本運動能力，是指有效移動身體時必需的運動能力。在孩子48至72個月的這段時間，正是基本運動能力發展的時期。如果這時基本運動能力未能完全發展，未來不僅無法成功執行更複雜的身體活動，也可能對認知、情緒、社會性等各領域的發展造成負面影響。

　　下表是將研究中使用的基本運動能力檢測表，修正為適合於家中簡易使用的檢測表。藉由以下表格，檢測家中孩子的基本運動能力，是否在移動性動作（Locomotor Movement）、非移動性動作（Non-Locomotion Movement）、操作性動作（Manipulative Movement）的領域中確實發展。

| 基本運動能力是否有均衡發展？ |
以下是判斷孩子基本運動能力的選項。進行檢測前，請先準備球與碼錶，再回答以下選項。

領域			檢測內容	評分	
				是 （1分）	否 （0分）
非移動性動作	單腳站立 （靜態 平衡感）	右腳	1.左腳膝蓋彎曲高舉（20公分以上）		
			2.把支撐站立的右腳膝蓋打直		
		左腳	1.右腳膝蓋彎曲高舉（20公分以上）		
			2.把支撐站立的左腳膝蓋打直		
	站姿體前彎 （柔軟度）		1.身體前彎時，雙腳膝蓋打直不彎曲		
			2.身體前彎時，胸部貼住大腿		
移動性動作	奔跑 （敏捷性）		1.奔跑時，手臂彎曲來回揮動至肩膀高度		
			2.奔跑時，後腳踢臀部		
	原地跳遠 （爆發力）		1.在預備姿勢中，雙手前後搖擺		
			2.雙腳著地時膝蓋彎曲，重心放前		
	前滾翻 （平衡感）		1.在預備姿勢中，彎腰，頭部向雙腳靠近		
			2.直直地向前滾（不偏向左右兩邊）		
			3.連續前滾翻2次		
			4.連續滾翻後張開雙手，站立保持平衡3秒		
操作性動作	丟球（眼、 手協調性）		1.在準備姿勢中，旋轉身體		
			2.轉動丟球手臂的肩膀		
			3.丟球後，身體微向前低下		
	接球（眼、 手協調性）		1.配合球飛來的時間張開雙手，再闔上雙手		
			2.將手伸向球飛來的方向		
			3.接球時，彎曲手指接球		

領域		檢測內容	評分	
			是（1分）	否（0分）
操作性動作	踢球（眼、腳協調性）	1.彎曲踢球的腿，再向前伸直		
		2.以右腳觸球並踢球		
		3.以左腳觸球並踢球		
		4.往球滾動的方向移動身體並踢球		

回答以上選項後，將以下各子領域對應的問題分數相加，算出總分。如果非移動性動作低於5分、移動性動作低於3分、操作性動作低於8分，則可視為該領域的基本運動能力相對較低。依據各子領域與各選項確認需要加強基本運動能力的部分，集中加強該領域即可。

子領域	問題選項	總分
非移動性動作	單腳站立（靜態平衡感） 站姿體前彎（柔軟度）	（0至6分）
移動性動作	奔跑（敏捷性） 原地跳遠（爆發力） 前滾翻（平衡感）	（0至8分）
操作性動作	丟球（眼、手協調性） 接球（眼、手協調性） 踢球（眼、腳協調性）	（0至10分）

Chapter 2

溝通發展・語言

專為 **48** 至 **72** 個月孩子設計的潛能開發統合遊戲

促進孩子**表達能力**，
為**寫作**與**閱讀**奠定基礎

語言使用大躍進，
能背誦童謠童詩的時期

• • •

語言領域發展的特徵

48至72個月的幼兒，已經能正確使用符合基本文法的句子了。此階段孩子不但能背誦簡短的歌曲、童謠或童詩，也能將書中讀到的故事簡單組織後說出來。以下是此時期的孩子應達成的語言溝通領域目標。

・**聽力**：對單詞發音感興趣，聽見類似發音，可以明確區別。聽懂他人的話，並就好奇的部分提問。聽懂童謠、童詩或童話故事等。

・**口說**：以單詞和句子表達自己的感受、想法和經驗。說出完整故事。懂得考慮聆聽者的想法和感受後再表達意見等。

・**閱讀**：利用書中圖畫提供的線索，理解故事內容等。

・**寫作**：懂得使用文字表達話語或想法，並寫下自己的名字或身旁熟悉的文字。正確使用鉛筆或其他書寫工具等。

每個孩子的語言發展差異相當大。例如，大約到了5歲左右，有的幼兒依然對國字沒有興趣，有的幼兒卻已經能流暢閱讀內容簡短的童話書，並且懂得聽寫了。此外，為了讓孩子在學齡後（讀小學後）在語言學習領域更順利，應適度養成孩子的兩個習慣。第一，端正坐姿與寫字、正確握筆、讀出單詞並跟著寫、正確寫出子音與母音、結合母音與子音以完成文字、端正姿勢聆聽、說出自己的心情、推敲朋友的想法。第二，能介紹簡單的新詩或童話等文學作品，了解主角的內心世界、閱讀文章並寫（說）出感想、找出適合用於句子內的單詞、看圖造句等。

為小學語言領域做準備

想為小學預做準備，只要持之以恆進行本書介紹的遊戲，至少還能游刃有餘的應付小學一年級將學到的內容。如果是練習流利閱讀的程度，那麼朗讀童話書、讀完書後畫出記得的場景、寫讀後感等，都有幫助。在寫作方面，若能增加與寫作相關的遊戲更好，例如用文字表達自己所說的內容、寫下覺得有趣的事件等。

進入小學後，孩子的詞彙程度快速提高，應盡可能讓孩子在閱讀童話書時，養成將不知道單詞整理成單詞本的習慣，而不只是直接跳過。每天利用5分鐘，和孩子一起進行趣味的語言溝通遊戲，將可大幅提升孩子的語言能力。

● 48至72個月語言領域學習目標檢測表

請觀察孩子是否達到此時期的語言領域的學習目標，並記錄下來。如果家裡的孩子未能達到表列的學習目標，不妨利用本書【溝通發展‧語言】中的遊戲，帶領孩子一起學習。

年齡/月齡		學習目標	觀察內容
滿4歲 （48至 59個月）	聽	關心單詞的發音並仔細聆聽	
		聆聽與日常生活相關的單詞與句子，並理解其意義	
		聆聽並能理解他人所說的話	
		聽完他人的話，針對不明白的地方發問	
		透過各種方式聆聽與欣賞童謠、童詩、童話	
		聆聽傳統童謠、童詩、童話，感受文字趣味	
		認真傾聽他人所說的話	
	說	正確讀出熟悉的單詞	
		使用各種單詞說話	
		以簡單的句子說出日常生活中發生的事件	
		說出自己的感受、想法、經驗	
		選定主題與他人對話	
		編說故事	
		思考並說出聽者的想法與感受	
		按照先後順序說話	
		使用正確、優美的話語	
	讀	從生活周遭尋找熟悉的文字	
		對大人朗讀的故事內容感興趣	
		享受閱讀，並慎重看待閱讀這件事	
		利用書中的圖畫理解內容	
		從書本中尋找解決問題的答案	

溝通發展‧語言：語言使用大躍進，能背誦童謠童詩的時期

年齡/月齡		學習目標	觀察內容
滿4歲 （48至 59個月）	寫	明白話語和想法可以用文字呈現	
		試著寫出自己的名字	
		以類似文字的型態表達自己的感受、想法、經驗	
		對書寫工具感興趣，並嘗試使用	
滿5歲 （60個月 以上）	聽	對單詞的發音感興趣，能區分類似的發音	
		聆聽各種單詞與句子，並理解其意義	
		聆聽並理解他人的話	
		聽完他人説話，針對不明白的地方發問	
		透過各種方式聆聽與理解童謠、童詩、童話	
		聆聽傳統童謠、童詩、童話，感受文字趣味	
		認真傾聽他人把話説完	
	説	以正確的發音説話	
		視情況使用各種單詞説話	
		以各種句子説出日常生活中發生的事件	
		以適當的單詞與句子説出自己的感受、想法、經驗	
		選定主題與他人對話	
		享受編説故事的過程	
		思考並説出聽者的想法與感受	
		針對正確的時機、場所、對象説話	
		使用正確、優美的話語	
	讀	從生活周遭尋找熟悉的文字，並試著讀出	
		對大人朗讀的故事內容感興趣，並試著讀出	
		享受閱讀，並慎重看待閱讀這件事	
		利用書中的圖畫理解內容	
		從書本中尋找解決問題的答案	
	寫	明白話語和想法可以用文字呈現	
		試著寫出自己的名字和生活周遭熟悉的文字	
		以類似文字的型態或文字表達自己的感受、想法、經驗	
		了解書寫工具的正確用法，並實際使用	

統合領域：語言、探索

找出故事主軸

☑ 提高對繪本故事的認識與理解
☑ 有助於閱讀力、寫作力的提升

有助於未來閱讀有故事情節的繪本，並複述書中內容的遊戲。對於理解繪本的內容大有幫助。

● **準備物品**

紙張、剪刀、色鉛筆或簽字筆

● **遊戲方法**

1. 閱讀繪本，學習故事的組成要素。

背景：在什麼地方發生的事情？在什麼時間點？（例如：很久以前某個森林的洞窟裡）

主角：故事裡出現了誰？（例如：住著一隻大灰狐）

問題：（主角）發生了什麼事？這件事（傷心的事）發生後，主角的心情如何？（例如：某一天，狐狸生病了。所以沒辦法外出打獵。好幾天沒吃飯，肚子很餓。牠希望有動物自投羅網，可是都沒有）

問題的解決過程：該怎麼辦才好？（例如：狐狸勉強走到外面，立了一個告示牌，寫著「請進來，這裡有食物免費招待！」）

結局：最後怎麼了？（例如：告示牌一立好，經過的動物都好奇地走了進去。可是，沒有任何人走出來。因為狐狸把大家都抓來吃了。這隻狐狸還真是一隻聰明的狐狸）

2. 在紙上畫出代表故事各個部分的圖案，並向孩子說明。

時空背景：房子或時鐘（或太陽、月亮、星星等）
主角：依特徵畫出故事中的人（或動物）
問題：可以用「纏繞的線」表示
問題的解決過程：可以用「驚嘆號」表示
結局：可以用「蝴蝶結」表示

3. 將每個圖案塗上漂亮的顏色，用剪刀剪下後護貝。
4. 將護貝好的圖案依照順序用線綁好。
5. 再次閱讀繪本時，不妨多加利用。

● 遊戲效果
★ 提高對繪本內容的認識與理解力。
★ 學習故事由主角、背景、主角的問題與解決過程、結局組成的情節公式。
★ 有助於培養閱讀能力與練習寫作。

● 培養孩子可能性的訣竅及應用
　　活用於各種故事上，以熟悉故事的組成要素。在說故事的時候，如果孩子無法接下去，可以詢問孩子「所以呢？」「接下來會發生什麼事啊？」幫助孩子記憶。

發展淺談 以身體動作思考

　　説話時搭配身體動作有助於思考。在一項研究中，要求兒童解答數學和科學問題。如果受測者答題有困難，則教導他們解題技巧。研究結果顯示，當孩子説出解題過程時，有些孩子説出的內容與身體動作並不吻合。教導這些孩子解題，他們更快理解。在此情況下，身體動作代表了這樣的訊號：孩子的認知水準正處於準備好學習新概念的轉換期上。

　　身體動作也有助於記憶。一項研究指出，6、7歲幼兒在經歷有趣的經驗後，2周後進行記憶檢測，在回想記憶時，比起不被允許使用身體動作的孩子，允許使用身體動作的孩子能夠喚起更多記憶。也有研究顯示，在數學課與科學課上，教師同時使用語言和身體動作時，學童更容易理解。

　　孩子自然而然使用身體動作時，最好不要阻止孩子的行為。因為身體動作能幫助孩子表達與記憶還無法用言語表達的非語言知識。在教導孩子困難的概念時，如果能適時使用身體動作，將有助於孩子理解。

統合領域：語言、探索、社會、情緒

文字接龍

☑ **正確掌握發音，並嘗試區分音節**
☑ **透過思考新單詞，刺激記憶能力**

一邊開心玩耍，又能一邊學習新詞彙的遊戲，而且還不受場地限制，隨時隨地都能玩得開心。

● **準備物品**

無

● **遊戲方法**

1. 這是兩人以上玩的遊戲。一開始要先決定先後順序。
2. 第一人先說一個單詞（例如：公雞）。
3. 其他人必須根據上一個人所說的單詞的最後一個字（或同音字），說出新的單詞（例如：公雞→雞塊→快樂）
4. 按照順序，依上述規則不斷輪流。如果輪到的人說不出單詞，就算挑戰失敗。

● **遊戲效果**

★ 利用最後一個字（音）玩接龍，可掌握發音，區分音節。
★ 記住最後一字（音），才能思考新的單詞，這可以刺激工作記憶能力的發展。
★ 讓孩子感受文字遊戲的趣味性。

★ 透過遊戲，可以重新檢查學習過的內容，最大程度提高後設認知（Metacognition）能力。即透過控制自己的思想模式，從而達至效果的學習方法。

● 培養孩子可能性的訣竅及應用

先設定遊戲規則，像是限定只能使用名詞或允許同音法則，例如：視力（ㄌㄧˋ）→歷（ㄌㄧˋ）史。等孩子熟悉遊戲、得心應手後，再決定禁止使用的單詞。例如：單詞的最後一個音節很難再開始另一個單詞，或因為較為少見，導致下一個人無法提出新的單詞，就必須禁止使用。例如：以「子」結尾的單詞。

發展淺談 透過遊戲讓語言學習變有趣

語言遊戲是指兩人以上的玩家「你一言、我一語」進行的遊戲。語言遊戲有幾種玩法，如利用首字、中間字、尾字等玩文字接龍、擬聲擬態語、相反詞、同音異義詞、數音節數、二十道提示猜猜看、聽指令跑腿、造句等遊戲。

塔夫茨大學（Tufts University）的艾莉（Richard Ely）教授團隊在幼稚園教室內錄下幼兒對話，發現在對話中，語言遊戲占23%。透過語言遊戲，幼兒不僅能感受語言趣味，也能正確發音，明確掌握詞彙意義。許多研究指出，語言遊戲有助詞彙能力、語言表達能力、音韻覺識能力、閱讀能力發展。透過語言遊戲可在進行各種描述的同時，學習語順與結構，促進語言發展與思考發展。

溝通發展・語言 ❷ 文字接龍

統合領域：語言、探索、社會、情緒

二十道提示猜猜看

☑讓孩子學習策略性的提問模式
☑練習聆聽與記憶、提高專注力

出題者在心中想一個物品，答題者（提問者）則提出二十個問題，讓出題者回答「是」或「不是」，藉此猜出出題者所想的物品。為了增加樂趣，可改為由答題者自行抽出題目（自己不能看牌），再向其他人提問，以猜測自己抽出的牌違何。為了能在20個問題中找到關鍵線索，必須有厲害的提問技巧，這對於專注力、記憶力、判斷力等，都是很好的訓練。

● **準備物品**
藝人或朋友的照片、家庭（成員）照、卡片、膠水、剪刀

● **遊戲方法**
1.將藝人或親朋好友的照片剪下，貼在卡片上。
2.出題者從眾多卡篇中抽出一張，自己不能看牌，將卡片貼在額頭上，讓其他人看牌。

3. 抽卡片者依序向其他遊戲者提出一個問題，試著猜出自己抽出的卡片上的人物。

4. 問題必須是是非題（答案只能以「是」或「不是」回答），並限定一問一答。在二十道題內猜中，就算挑戰成功。

● 遊戲效果

★ 學習策略性、目的性的精準提問方式。

★ 為了猜出答案，必須仔細聆聽與記憶他人說過的問題與回答的內容，有助於提高專注力。

● 培養孩子可能性的訣竅及應用

　　使用圍棋子或迴紋針或以鉛筆筆記，來記錄提問的次數。問題的範圍不限定人物，也可以是動物、植物、物品等。在這個遊戲中，出題者變成答題者，集中精神多次提問，猜出正確的答案。玩了幾輪之後，可改回傳統的方式進行，也就是出題者將自己心中所想的人物、事物或動植物等先寫在紙上，折好放著，再由其他人輪流向出題者提問，率先猜出出題者答案者就算贏家。

發展淺談 **活化大腦前額葉的猜題遊戲**

　　遊戲時，問題大致可以區分為以下三種類型。

1. **限定範圍型提問**：這是最有效的提問。以猜出動物的二十道提示猜猜看為例，可以問「牠有四隻腳嗎？」「牠住在水裡嗎？」這種提問方式可以將可能是答案的對象大幅刪去一半以上。

2. **虛假限定範圍型提問**：這種提問方式雖然可以減少可能是答案的對象，不過效果不如限定範圍型的提問。原因在於提問者在心中已經設定了特定對象才提問，例如「牠有長鼻子嗎？」「牠會汪汪叫嗎？」

3. **確認猜測型提問**：這是效果最差的提問，在沒有任何根據的前提下，只透過心中的猜測提問。例如「牠是狗嗎？」「牠是貓嗎？」

　　一個成功的提問策略，必須將可能的答案數量有效減少，就像「限定範圍型提問」一樣。因此，需要有邏輯性的組織問題順序。因為在進行〈二十道提示猜猜看〉的策略型遊戲時，大腦內掌管注意力集中、規劃、制定策略、指引行動、遵守規則、評鑑成果等高度認知功能的前額葉也參與其中，故對於該領域的發展有很大助益。

統合領域：語言、藝術

搭配貼紙說故事

☑ 讓編故事這件事變得輕鬆有趣
☑ 有助孩子想像力與創意的發展

這是就算是討厭畫圖或編故事的孩子，也能夠輕鬆開始的遊戲。透過遊戲來期待孩子令人驚訝的想像力吧！

● **準備物品**
貼紙、紙張、筆

● **遊戲方法**
1. 在孩子畫好的畫作上，貼上孩子喜歡的貼紙。
2. 畫個對話框，簡單寫下圖畫中人物的臺詞。
3. 開始用孩子畫作編故事。

● **遊戲效果**
★ 編故事有助表達力發展，透過遊戲讓編故事這件事變得更輕鬆更有趣。
★ 有助於孩子的想像力與創意的發展。

● **培養孩子可能性的訣竅及應用**
使用孩子喜歡的貼紙，讓故事內容更加豐富。

發展淺談 孩子之間的話題

　　一項研究針對3歲至5歲幼兒在托兒所內的日常談話，進行長達60個月的觀察。結果發現，幼兒在教室內的日常談話內容，可以區分為四個範疇：關係、認知、成長、時間。

　　第一，孩子彼此談論與自己有關的他人（如家人、同儕）的個人特質，或對他們的感受。第二，談論與認知相關的主題，例如表達自己的感受、對不懂的問題發問、說明了解的事實等。第三，談論與成長相關的主題，例如身高、疾病、疼痛、掉牙齒等身體成長，書寫、數數等認知發展，及成人與幼兒的差異。尤其是即將進入小學就讀的5歲半幼兒，對這種成長話題談論最多。第四，孩子談論過去、現在、未來等時間的話題。

統合領域：語言、藝術、社會、情緒

畫圖說故事

☑ 練習畫圖技巧，提升想像力
☑ 嘗試體驗其他人的想法與立場

不妨利用這個可以同時進行畫圖與編故事的遊戲，檢視孩子的表達能力。

那不是老鼠，是獅子耶……

有一隻老鼠住在森林裡……

● 準備物品

紙張、筆、簽字筆、蠟筆

● 遊戲方法

1. 參與遊戲者各自將一則小故事畫成圖畫。
2. 畫好圖之後，彼此交換圖畫。
3. 根據自己拿到的圖畫，說出圖畫中的故事。
4. 由原本畫圖的人說出自己畫了什麼故事。

● 遊戲效果

★ 練習畫圖。
★ 提高「看圖說故事」的想像力。
★ 透過與其他人一起看著相同的圖畫說故事，體驗每個人的立場，和解釋各不相同事情的方式。

溝通發展・語言 ❺ 畫圖說故事

● 培養孩子可能性的訣竅及應用

為了降低遊戲難度，不妨畫下彼此知道的故事中的一個場景。畫圖畫的好看與否並不重要，讓孩子看圖編造符合圖畫內容的故事，才是主要目標。

發展淺談 編故事能力的發展

孩子編故事時，通常是依照自己既有的故事框架來聆聽與閱讀故事，並理解與記憶故事。我們將孩子既有的故事框架稱為「故事基模（story schema）」，年齡越大，故事基模通常越發達。根據研究，5歲幼兒在編故事時，有60％採取羅列的方式。這個階段的幼兒多是這樣編故事：

有一隻大象。在動物園，有人來。看到了。可是，車子開過去，媽媽過來，帶走小象。所以又去了別的地方……。

換言之，雖然有故事發生的背景，但沒有特定的主角（主詞），出場人物之間出現些許互動，整體故事沒有邏輯順序，只是單純羅列。他們在說故事的時候，大多使用口語。下一個階段則是連貫性故事設定期，故事裡終於出現主角，出場人物（或動物）之間也有一定互動。故事具備「背景→預料之外的行為→嘗試→結果」的雛形，不過對於主角為什麼做出那樣的行為，並沒有明確提及。最後階段是邏輯性故事形成期，主角遭遇了兩難的情況（或問題），並出現了解決問題的目標。人物之間的互動頻繁，具備複雜的故事結構。

統合領域：語言、社會、情緒

童話閱讀與角色扮演

☑ 提高社交調節、合作等社交力
☑ 強化心智理論、想像力與創意

試著閱讀童話故事，並且和孩子一起演出童話中的情境吧。孩子在扮演各自的角色時，也可以體驗成為童話中出場人物的感覺。

● **準備物品**
童話故事（書籍或影音）、角色扮演的道具

● **遊戲方法**
1. 選擇出場人物不太多，內容簡單，類似情節反覆出現的童話故事。
2. 與孩子一起閱讀童話故事。讀完後，向孩子提出與內容相關的問題，或有助於推理的問題，以確認孩子是否已經完全理解故事。

內容相關問題：是否確實理解出場人物、場所、事件的原因與經過、情節等問題。

推理問題：確認孩子是否掌握童話故事中暗示事件的因果關係，進而連結到孩子的經驗，藉此幫助孩子解決問題、體會主角情緒的問題。

溝通發展‧語言❻童話閱讀與角色扮演

3. 分配童話故事中出場人物的扮演者。

4. 和孩子玩角色扮演。結束後,和孩子討論角色扮演時的感覺、
   有趣的地方、困難的地方。

● 遊戲效果

★ 與他人玩角色扮演,可以提高社交調節能力、合作能力等人
  際互動的能力。

★ 以戲劇臺詞表達童話故事內容,有助於發展語言能力。

★ 推測童話故事中沒有直接出現的內容(出場人物的心情或想
  法),可以強化心智理論(Theory of Mind)、想像力與創
  意。

● 培養孩子可能性的訣竅及應用

　　角色分配或道具安排時,盡可能尊重孩子提出的意見。
利用提問連結童話故事的內容與孩子過去的經驗,可幫助孩
子理解事件與主角的情緒狀態。然而過度的教導或命令、代
替孩子完成遊戲、不當的提問等,這些有礙遊戲進行的介入
都應當避免。

發展淺談 扮家家酒有益語言發展

在扮家家酒遊戲中，孩子負責某個角色（例如媽媽、爸爸、恐龍等），一舉一動都表現得像是該人物（或動物）一樣，另外也有「表演遊戲」「假想遊戲」「象徵遊戲」「角色扮演」「想像遊戲」「幻想遊戲」等別稱。這時期的幼兒雖然可能一個人唱獨角戲，不過年齡越大，與其他人一起玩扮家家酒的情況會逐漸增加。進入求學階段前，扮家家酒是最普遍的遊戲。

扮家家酒尤其對語言發展有極大幫助，這是因為玩扮家家酒時，必須不斷說話，也必須接受大量訊息。為了詮釋自己扮演的角色、對方的角色與故事脈絡，孩子必須與玩伴持續溝通和傾聽，自然有助於語言發展。尤其以童話故事為底本的扮家家酒，更能提高孩子聽、說、讀、寫的能力，在語言發展介入方案（intervention programs）中，經常使用這類遊戲。

此外，扮家家酒也有助於自我調節能力的發展。在扮家家酒中，以香蕉為話筒，以枕頭為嬰兒時，孩子必須將現實與想像分離，並維持分離的狀態。近來一項研究指出，即使只有10分鐘左右的短時間想像遊戲，對孩子的自我調節能力發展仍有一定幫助。

統合領域：語言、探索、社會、情緒

故事接龍

☑ 培養聽說故事的能力與記憶力
☑ 練習依所知要素來編合理故事

**多人合作編故事，提升編故事與
聽故事的能力。**

「從前從前，在森
林深處⋯⋯。」

● **準備物品**

　無

● **遊戲方法**

1. 開始故事的第一人先說一段句子，再由下一人接續故事。
2. 依五大故事組成要素（何時、何地、何人、何事、為何）編故
　 事。例如，第一人交代故事背景，下一人說出故事主角。

● **遊戲效果**

★ 培養聽說故事能力與記憶力，練習用五大要素編故事。
★ 配合他人故事編造接下來的故事，提升思考力。

● **培養孩子可能性的訣竅及應用**

　　利用故事手環或故事主線，幫助記憶故事的組成要素。
每個人在說故事的時候，不妨將故事簡單記錄下來。重新輪
到自己的時候，還可以練習逐漸說出更長、更詳細的內容。

發展淺談 當語言發展出現問題時

　　說話緩慢或發音不正確等，這類在語言發展上出現問題的障礙，主要約有5％到8％發生在學齡前兒童身上。語言障礙也許會在成長過程中獲得改善，不過在進入校園生活後，語言問題極可能以各種形態持續存在，也可能在閱讀或聽力等學習上出現困難，因此及早檢查與接受治療相當重要。語言障礙區分為構音異常、音韻異常、語暢異常、特殊語言障礙。

①**構音異常**（articulation disorder）：發音（聲）出現問題，無法正確發出子音、母音。

②**音韻異常**（phonology disorder）：指聲音過大或過小、鼻音嚴重的情況，導致出現不正常且令人不適的聲音。

③**語暢異常**（fluency disorders）：說話速度與時間出現障礙，例如說話時吞吞吐吐、語塞說不出話，或說話說得太快。

④**特殊語言障礙**（special language impairment）：指智能在正常水準內，互動上沒有太大問題，也沒有運動障礙，視覺與聽覺皆正常，但是在語言能力評鑑中落後同儕水準的情況。尤其是使用詞彙的數量明顯偏低、文法上的錯誤、在整體語言表達的口語（spoken language）上有問題。特殊語言障礙引起語言遲緩的原因各不相同，語言遲緩的程度也因人而異。不過治療的效果相當好，應透過檢查，即早區分語言障礙的類型。

統合領域：語言、身體

字音環繞

☑ 提升孩子的聆聽力與專注力
☑ 有助以音節單位來思考單詞

利用這個要求專注於單詞中每個字音的遊戲，不但可以提高孩子的詞彙能力，也能增加孩子的專注力。

● 準備物品
無

● 遊戲方法
1. 選擇三個字以上的詞語。
2. 每個人依序變化該單詞的音調與強弱。第一個人念時加重該詞語第一個字字音、第二個人念時加重該詞語第二個字字音……，以此類推。以「東西南北」為例：

第一個人：ㄉㄨㄥ（加重念）ㄒㄧ ㄋㄢˊ ㄅㄟˇ
第二個人：ㄉㄨㄥ ㄒㄧ（加重念）ㄋㄢˊ ㄅㄟˇ
第三個人：ㄉㄨㄥ ㄒㄧ ㄋㄢˊ（加重念）ㄅㄟˇ
第四個人：ㄉㄨㄥ ㄒㄧ ㄋㄢˊ ㄅㄟˇ（加重念）……

● 遊戲效果

★ 讓孩子專注於單詞／詞彙的字（讀）音。

★ 有助於將單詞／詞彙區分為音節單位來思考。

● 培養孩子可能性的訣竅及應用

多人遊戲時，可分組進行遊戲。此時，第一人先依序加重「東西南北」的讀音，並連說四次東西南北，之後再由下一個人接著說。中途出錯，則要再從第一人開始。

發展淺談 閱讀力始於聽力

閱讀是連結文字與聲音的過程。若要具備良好的閱讀能力，必須將眼前看見的文字與耳裡聽見的聲音連結起來，並記在腦中才行。為了發展閱讀能力，優秀的聽力非常重要。對字音的敏感度稱為音韻覺識（Phonological Awareness），從3歲之後逐漸出現，至5歲發展完全。

音韻覺識是指覺知單詞中存在的各種聲音的單位與類型，而能有意識的思考單詞或音節、音素等單位，並將之組合、分離等的組織行為。幼兒的音韻結識能力發展順序，依次為單詞→音節→音素。

音節是語音的單位。一個詞語通常會由數個音節組成。例如「媽媽」為雙音節詞。音素是語音的最小單位。一個音節通常由數個音素組成，例如「媽」是由「ㄇ」「ㄚ」兩個音素所組成。

統合領域：語言、身體

頭、肩、膝、腳

☑ 學習到單詞是由數個字音組成
☑ 培養閱讀基礎的音韻覺識能力

此遊戲可以一邊進行孩子喜歡的身體活動，一邊提高他們對單詞中字音的注意力。

● 準備物品

無

● 遊戲方法

1. 選定四個字以下的單詞。
2. 念出單詞後，讓孩子逐一拼出單詞中的字音，在拼第一個字字音時摸頭，在拼第二個字字音時摸肩，在拼第三個字字音時摸膝蓋，在拼第四個字字音時摸腳背。例如「大（ㄉㄚˋ／摸頭）波（ㄅㄛ／摸肩膀）斯（ㄙ／摸膝蓋）菊（ㄐㄩˊ／摸腳背）」。

● 遊戲效果

★ 學習到一個單詞由數個字音所組成。
★ 培養日後的閱讀基礎－音韻覺識能力。
★ 對於男孩或喜歡身體活動的孩子，是個很適合的遊戲。

● 培養孩子可能性的訣竅及應用

也可以讓孩子一邊說出單詞中的字音，一邊原地跳躍。例如，拼「ㄅㄚˋ」的時候，原地往上跳一下，再以同樣的方法拼完「ㄅㄛ」「ㄥ」「ㄐㄩˊ」（總共原地跳四下）。

發展淺談 提早學習英文效果好嗎？

對於英文教育的時期，贊成與反對兩方的結論大不相同。持贊成態度的研究指出，在英文非母語的環境中，有限的英文教育不僅不會妨礙母語的習得，甚至主張越早（約3、4歲）接觸英文，英文與母語程度將同時提升。教育方法上，比起過度填鴨式教育，每周1、2次左右的遊戲式教育，或在家庭中父母一起參與的方法，都值得一試。

站在反對立場的研究認為，及早開始反倒沒有太大效果，因此不必提早開始，建議等到6到7歲、母語發展到一定程度後，再自然而然接觸英文。反對立場雖然主張幼兒期的英文教育，會對幼兒的心理發展、情緒發展、腦部發展帶來負面影響，不過並沒有可證明這個主張的實質證據。

另一方面，正反方研究也有部分共通的結論。正反方研究皆指出，所得與教育程度較高的家庭，英文教育越早開始。此外，孩子年齡越大（6歲左右），每個孩子之間的英文能力差異與母語能力差異逐漸減少。換言之，不是說在幼兒期沒有學英文，就會隨著年齡增加，持續加大英文能力的差距。相反的，兒時使用英文，雖可能使母語的使用較為生疏，不過語言能力的差異會隨著年齡增長而降低。

統合領域：語言、探索

字音加減法

☑ 奠定孩子的閱讀基本功
☑ 讓孩子理解單詞的組成

為閱讀力奠定基礎的遊戲。

● **準備物品**
同顏色的珠子4到5顆、可穿過珠子的線

● **遊戲方法**

1. 用線穿過4到5顆珠子。

2. 字音加法：每說一個音節，將一顆珠子往左移動。以「天」加上「空」為例，說「天（ㄊㄧㄢ）」時，將第一顆珠子往左推，說「空（ㄎㄨㄥ）」時，再將第二顆珠子往左推。

3. 字音減法：與字音加法相反，每說一個音節，將一顆珠子往左或往右移動，減去珠子。以「天空」減去「天」為例，說「天（ㄊㄧㄢ）」的時候，將一顆珠子往左推，去掉珠子。留下「空（ㄎㄨㄥ）」。同樣的，從「天空」減去「空」的時候，一邊說「空（ㄎㄨㄥ）」，一邊將一顆珠子往右推，去掉珠子，留下「天（ㄊㄧㄢ）」。

● 遊戲效果

★ 本遊戲為奠定閱讀基礎最重要的音韻覺識活動之一，目的是
讓孩子了解集合字音可以組成一個單詞。

● 培養孩子可能性的訣竅及應用

要求孩子專注字音，而非單詞的意義。若使用詞卡來輔
助遊戲，反倒容易將注意力放在單詞意義上。建議最好使用
珠子或圍棋子，因為這些是與單詞意義毫無關係的物品。

發展淺談 雙語學習的好處

「雙語」是指使用兩種語言。以差異不大的程度、流利
地使用兩種語言，自然包含在雙語範疇內，不過一周平均以
一定時數學習母語以外的其他語言，也被視為雙語的一種。

針對學習多種語言的幼兒進行研究的比亞利斯托克
（Ellen Bialystok）教授指出，能夠使用兩種以上的語言，除
了具備語言優勢，在認知方面也有好處。換言之，幼兒對語
言將會有更深的思考。好比事物的名稱，終究是使用該語言
的人之間的約定，因此「蘋果」英文為「apple」，而使用
雙語的幼兒將可習得「語言符號的任意性」。此外，學習雙
語的幼童也對不同語言之間的文法或結構的差異相當敏感，
因而更能了解不同語言的意義。這種對於語言的思考能力，
稱為「後設語言能力（metalinguistic ability）」。隨著後設語
言能力發展，孩子將可洞察文法錯誤，明確聽出語音中的單
字。不只是口說，對於閱讀力也有幫助。

統合領域：語言、探索

尋找不同字音

☑ 訓練孩子的音韻覺識能力
☑ 提高工作記憶能力的發展

利用讓孩子專注於單詞中字音（音節）的遊戲，帶領孩子辨別字音的異同。

● **準備物品**

無

● **遊戲方法**

1. 找出由兩個音節組成的單詞中，第一個音節讀音相同的單詞。

2. 念出第一個音節讀音相同的單詞，例如「ㄓ／ㄓㄨ」「ㄓ／ㄅㄠˋ」及與上述第一個音節讀音不同的單詞，例如「ㄅㄡˋ／ㄈㄨˇ」，並詢問孩子哪個單詞第一個音節讀音不同。

3. 同【步驟2】的方式，念出第二個音節讀音相同的單詞，例如「ㄕㄨ／ㄎㄞˋ」「ㄅㄞˊ／ㄎㄞˋ」及與上述第二個音節讀音不同的單詞，例如「ㄕㄨˋ／ㄇㄨˋ」，並詢問孩子哪個單詞第二個音節讀音不同。

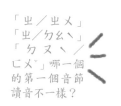

「ㄓ／ㄓㄨ」「ㄓ／ㄅㄠˋ」「ㄅㄡˋ／ㄈㄨˇ」哪一個的第一個音節讀音不一樣？

遊戲效果

★ 可以訓練孩子的音韻覺識能力。

★ 讓孩子在心中比較字音不同的三個單詞，可提高工作記憶能力的發展。「工作記憶」是指能在數秒的短暫時間內記憶資訊的能力，也稱為短期記憶力。如果說短期記憶是被動儲存記憶，那麼工作記憶不僅是儲存，更強調同時儲存與利用資訊的層面，以這個遊戲為例，就是必須一邊記住三個單詞（記憶），一邊比較字音的差異（利用）。

培養孩子可能性的訣竅及應用

　　等孩子熟悉遊戲後，要交換角色，改由孩子出題。孩子只要知道讀音就可以出題了。例如，在「ㄅㄟˋ／ㄅㄠ」「ㄒㄧㄝˊ／ㄍㄨㄟˋ」「ㄅㄟˋ／ㄅㄧㄢˋ」中，第一個字注音不同的是哪一個？

發展淺談 比智力更重要的工作記憶容量

　　工作記憶是在短時間內儲存資訊，同時處理資訊的能力。例如，在心中運算時，一邊記憶必須加上的數字，同時進行計算的過程，還有在閱讀時，一邊閱讀內容，同時記憶內容的過程，都有工作記憶參與其中。在特定遊戲中，記住前面的人說過的全部內容，跟著說出「市場裡面有『臭豆腐』，有『排骨酥』……」，還要思考新的項目，說出「還有『蚵仔麵線』」等，也使用了工作記憶。

好比對幼兒下達較長指令時，他們要不是中途就忘記指令，就是在解決了前面幾個複雜的課題後，便忘記接下來該做什麼，真正的原因就在於工作記憶的容量不足。根據最新研究指出，相對於智力而言，工作記憶更能預見小學生的學習能力、閱讀能力與數學方面的學業成就。

檢測工作記憶的方法之一，是讓受測者讀完兩個句子，例如「戴在手指上的戒指」和「打針的護士」，再讓受測者回想兩個句子的最後一個單詞，即「戒指」和「護士」（閱讀廣度測驗）。另一個方法是念出數字後，讓受測者跟著覆誦（數字覆誦），或將順序顛倒後說出（數字顛倒覆誦）。平時多與孩子一起玩「數字覆誦」或「市場裡有……」等語言遊戲，有助於增加孩子工作記憶的容量。

統合領域：語言、身體、藝術

製作專屬單詞本

☑加深對生詞意義的印象與練習如何使用
☑提高詞彙能力與故事的組織能力

幫助孩子用自己獨特的方法記憶與使用生詞的遊戲。

● **準備物品**
A4紙、筆、色鉛筆、蠟筆、
圖案（或照片）、剪刀、膠水

● **遊戲方法**

1. 讀完繪本之後，協助孩子整理出書中新接觸到的單詞（或喜歡的單詞、困難的單詞、想背下來的單詞）。

2. 將A4紙對折再對折，折成4等分。

3. 在4等分的紙張左上角欄內，寫上單詞與讀音。

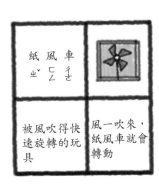

4. 在右上角欄內，畫出（或貼上）這個單詞使人聯想起的圖案。

5. 在左下角欄內，寫下該單詞的意思。

6. 在右下角欄內，寫下一個用該單詞造的例句。

7. 全部寫完後，依照注音符號順序排列整齊。

● 遊戲效果

★ 可加深孩子對生詞意義和使用方法的印象。

★ 學習單詞時，運用圖案或文字表達個人獨特的經驗或想法，藉以來定義單詞意義，提高詞彙能力與故事組織能力。

● 培養孩子可能性的訣竅及應用

每次閱讀繪本時，挑出書中的生詞製作單詞本。爸爸或媽媽不妨利用電腦或辭典查詢單詞的意義，念給孩子聽後，寫在單詞本裡。如此一來，日後便可以讓孩子看著單詞本的圖案或聽完單詞的意義後，猜出是什麼單詞。

發展淺談 大量閱讀就能自動達到詞彙學習效果嗎？

經常聽見很多人說「大量閱讀書籍，就能輕鬆學習大量詞彙」的說法。所以強調不特別教單詞，而是讓孩子大量閱讀。問題是，越是詞彙量不足的孩子，越沒有能力閱讀。

當孩子獨自閱讀時，如果出現不明白的生詞，通常直接跳過或隨意猜測單詞意義，經常有理解錯誤的情形。隨意猜測單詞意義，將無法充分理解書中內容。有時，可能知道單詞的其中一個意義，卻不明白其他意思。必須反覆出現同一單詞，才能正確理解。

與孩子共讀時，找出孩子初次見到的生詞的意義，製作孩子的「專屬單詞本」，如此養成整理單詞的習慣後，將有助於提升孩子的詞彙能力。

統合領域：語言、身體

筷子夾詞卡

☑ 有助養成孩子仔細觀察文字的習慣
☑ 使用筷子夾東西，有助小肌肉運動

這是可以同時進行小肌肉運動與單詞記憶的趣味活動。

● **準備物品**
筷子、圖畫紙、色鉛筆、簽字筆、
蠟筆、剪刀、免洗紙盤

● **遊戲方法**

1. 將圖畫紙裁剪為12×8公分大小，共製作12張卡片。

2. 選出孩子熟悉的單詞4個，各寫3次，完成12張詞卡（4個單詞×3次=12張）。以不同的書寫工具與字體寫3次。

3. 媽媽拿著一組詞卡，剩餘2組詞卡（4張×2組=8張）攤開在稍遠處的桌子上。

4. 媽媽從手上的詞卡中選出一張，給孩子看清楚後，讓孩子選出攤開在桌上的詞卡中，寫有相同單詞的卡片，並用筷子夾起放進紙盤內，再端著紙盤走過來。

5. 比較媽媽選出的詞卡，和孩子拿回來的2張詞卡上，是否寫著相同的單詞。

溝通發展・語言❸ 筷子夾詞卡

遊戲效果

★有助於養成仔細觀察文字的習慣及增加小肌肉運動。

★學習即使文字的顏色或大小不同，也理解「依然是同一個文字」的文字規律性。

培養孩子可能性的訣竅及應用

也可以用夾子來代替筷子，或將卡片攤開在地上，用手或腳夾起卡片。對於還看不懂文字或以圖案記憶文字的孩子，不妨減少卡片的數量，選出外形差異性較大的文字來製作卡片。例如，將「火車」「公車」「汽車」「卡車」替換成「火車」「天空」「花」「兔子」。

發展淺談 教孩子單詞的方法

★多次解釋童書，並讓孩子反覆閱讀，有助於學習單詞。每重複閱讀一次，對單詞的理解度便提高12％。

★越是不擅長閱讀的孩子，在獨自閱讀時，越專注於讀出文字，愈無法深入思考故事的意義。然而聽他人朗讀，孩子得以思考故事意義與情節。甚至學到單詞正確發音。

★閱讀童話書時，直接教孩子單詞意義，可以提高10％的單詞理解度。以例句說明該單詞用法，效果更好。

★製作單詞本。孩子們在書中或報紙上看見生詞時，每天將生詞和生詞的意義整理在單詞本內。

統合領域：語言、身體

找出詞卡跟著做

☑ **練習讀出單詞本中收集來的單詞**
☑ **懂得觀察字形、進行大肌肉運動**

利用單詞本裡收集來的單詞製作詞卡，再根據詞卡來做動作的遊戲。

● **準備物品**
圖畫紙、麥克筆、剪刀

● **遊戲方法**
1. 將圖畫紙裁剪為12×8公分大小的卡片數張。
2. 將單詞本裡收集來的單詞寫在卡片上。
3. 將8張左右的詞卡攤開在地板上。
4. 引導孩子找出單詞與做動作。例如，找出「樹木」，就要手持詞卡像樹木一樣站立。找出「恐龍」，就要單腳跳躍。找到「風車」，就要站在原地轉一圈。

● 遊戲效果
★練習讀出單詞本中收集來的單詞。
★養成仔細觀察單詞字形的習慣。
★可以同時進行大肌肉的運動。

● 培養孩子可能性的訣竅及應用
　　提示與單詞相關的動作，有助於記憶單詞。使用同一字開頭的單詞或字形類似的單詞，可增加遊戲的難度。

發展淺談 **低年級生喜歡的童話書**

　　小學一、二年級生通常喜歡傳統故事、以想像手法傳達的非虛構故事（內容以傳達知識為主的故事）及繪本。從內容來看，他們喜歡與校園生活相關、以動物為核心的童話、善惡對立的童話。家長不妨多準備一些這一類的書籍，吸引孩子的閱讀興趣。

統合領域：語言、身體

穿越障礙找名字

☑認得自己、家人朋友的名字
☑強化大肌肉、提升記憶力

穿越障礙物之後，孩子還要找出拼湊自己、爸爸、媽媽、朋友名字的文字。

● 準備物品
圖畫紙、麥克筆、剪刀、便利貼、
障礙物（靠枕、呼拉圈等）

1. 裁剪圖畫紙，製作名牌。
2. 將孩子的名字與爸爸、媽媽、朋友的名字分別寫在不同名牌上，並且讀出來。讓孩子認真讀過每個名字的每一個字。
3. 製作兩組名牌，一組先放著，另一組以剪刀剪下每一個字，製成字卡。
4. 將字卡攤放在稍遠處的地板上。
5. 在字卡與人所在的區間，放置靠枕或呼拉圈等，完成障礙物路線。
6. 讓孩子知道要找哪一個字，再以便利貼將完整名牌上的名字遮去一字，並請孩子穿過障礙物路線，找出相當於名牌上遮蔽處文字的字卡。

7. 等孩子拿回字卡後，再撕去完整名牌上的便利貼，確認是否就
是被蓋住的字。

● **遊戲效果**

★ 讓孩子對自己名字、家人與朋友名字中的文字產生興趣。

★ 穿越障礙物的同時，可以強化大肌肉發展。

★ 穿越障礙物的同時，必須記住要尋找的文字，有助於提高記
憶力。

● **培養孩子可能性的訣竅及應用**

等孩子熟悉找出名字中的字形後，也可以製作成注音符
號卡（ㄅ、ㄆ、ㄇ、ㄈ……），讓孩子找出文字中的拼音。
一開始先讓孩子找出名字中的一個字，接著再找兩個字，最
後找出名字中的所有字。

發展淺談 「名稱快說」有助於閱讀

　　「名稱快說」是盡可能快速說出已知的事物名稱。例如將熟悉的五個數字（2、6、9、4、7），如下圖排列成橫排10個、直排5個，共計50個數字後，盡可除了數字外，也可以使用顏色（紅色、綠色、黑色、黃色、藍色）、物品（時鐘、雨傘、剪刀、梳子、鑰匙）、注音符號（ㄅ、ㄆ、ㄇ、ㄈ、ㄉ）。這種快速思考並說出已知事物名稱的能力，也與閱讀息息相關。

```
2 6 9 4 7 9 4 6 7 2
7 2 4 6 2 4 9 7 6 9
6 9 2 4 7 6 2 9 4 7
9 6 7 2 4 2 7 6 9 4
2 4 6 7 9 4 9 7 6 2
```

　　曾有一項研究要求5、6、7歲幼童分別進行「名稱快說」的遊戲，並測量時間，之後檢測他們的閱讀分數。能快速念出名稱的幼童，其閱讀分數也較高。原因在於閱讀與「名稱快說」兩者，都需要將已知的單詞從記憶中快速取出的過程。

統合領域：語言、身體

文字釣魚

☑ 學習到單詞是由文字組成
☑ 小肌肉運動、提升注意力

在這個遊戲中，利用釣竿釣起組成單詞的文字。孩子們玩得開心，對於將文字組合成單詞也會產生興趣。

● **準備物品**
木棒（或竹筷）、線、長條磁鐵、
迴紋針、圖畫紙、麥克筆

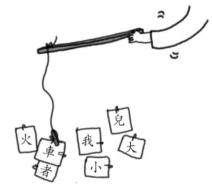

● **遊戲方法**
1. 裁剪圖畫紙，製作成卡片。
2. 將單詞寫在卡片上（字要大一點）。
3. 寫好詞卡後，一邊拿給孩子看，一邊讀出字音。詞卡上盡量寫上孩子知道的單詞（孩子讀得出來的單詞更好）。
4. 說明一個單詞是由數個文字組成的，接著剪下每一個字。例如，「小火車」剪成3張「小」「火」「車」。
5. 每張字卡夾一個迴紋針。在木棒頂端綁線，另端綁住長磁鐵。
6. 媽媽寫好一個字，一邊拿給孩子看，一邊讀出字音，再讓孩子釣起該文字。
7. 孩子釣起字卡後，與媽媽寫好的字比較，檢查是否為同一字。

● 遊戲效果

★ 學習單詞由文字組合而成的概念。

★ 讓孩子看清楚單詞中的字，並懂得怎麼發音。

★ 釣字卡時，一方面達到小肌肉運動，一方面強化注意力。

● 培養孩子可能性的訣竅及應用

　　另外，可以用詞卡代替字卡，像是讓孩子釣起有「車」字在內的詞卡，或釣起「由兩個字組成的單詞」。還可以製作注音符號卡，玩字母釣魚遊戲。

發展淺談 幫孩子提升閱讀流暢性

　　閱讀流暢性是指「快速正確」閱讀文字的能力。之所以重要，原因在於不能流利閱讀的孩子，消耗過多注意力在辨識文字上，反倒沒有精力理解文意。能夠流利閱讀的孩子，可以快速且正確地辨識單詞，因此更能專注於理解文意。

　　提升閱讀流暢性最好的方法，就是反覆閱讀。最好選擇孩子90％以上能正確閱讀的資料，以利進行。在閱讀之前，首先由成人示範，當孩子讀錯時，立刻給予指正。反覆閱讀至少應3遍以上，比起次數的多寡，更重要的是反覆閱讀到能完全正確閱讀為止。

統合領域：語言

找出一樣的字

☑ **觀察與查看字形的細部結構**
☑ **有助於學習「文字規律性」**

這個遊戲是要求仔細觀察字形的細部結構，對於未來識字認字很有幫助。

● **準備物品**

不要的雜誌或傳單（最好找內容有大量文字的）、膠水、圖畫紙、剪刀、鉛筆

● **遊戲方法**

1. 大人先在圖畫紙上以鉛筆寫上大大的字。
2. 請孩子在雜誌或傳單上盡全力找出相同的字，並剪下。
3. 將剪下的字，沿圖畫紙上以鉛筆描好的線貼齊。

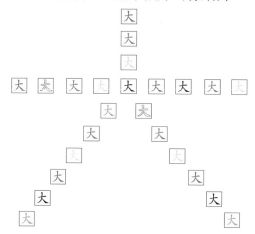

● 遊戲效果

★讓孩子有機會仔細觀察與查看字形的細部結構。

★有助於學習「即使文字的大小、顏色或字體不同，也依然是同一個文字」的「文字規律性」。

● 培養孩子可能性的訣竅及應用

　　訓練孩子從眾多文字中找出指定的字，不只有助於讓孩子認識與記憶字形，更能同步培養專注力與記憶力。此外，也有助於讓孩子釐清易混淆的字。

發展淺談 知識繪本比故事繪本更有助於寫作

　　知識繪本（Information Picture Book）是以傳達知識為目的編寫內容，透過圖畫更明確說明的繪本。故事繪本（Stories Picture Book）則聚焦於出場人物的衝突與成長，使用發生、展開、危機或高潮、結局這類典型的故事結構。知識繪本與幼兒的好奇心或探索、思考能力的發展息息相關，而故事繪本影響幼兒的想像力或情緒、社交能力的發展。

　　一項研究以5歲幼稚園學童為對象，利用知識繪本以及故事繪本進行寫作指導，比較他們寫作能力的發展。結果顯示，繪本類型不同，在表達能力、詞彙使用能力、文字敘述能力、文章組織能力等基礎寫作能力中，亦會出現不同的效果。

比起使用故事繪本接受寫作指導的學童，使用知識繪本的學童更能有效提高寫作能力。孩子們從知識繪本中獲得新點子，也學習活用繪本的單詞與句子來流利表達自己的想法。如果孩子覺得寫作困難，不知道該寫什麼，又該怎麼寫，那麼幫助孩子運用新知流利寫作，並帶領孩子選擇單詞與詞彙的知識繪本，會是非常適合的文本。

統合領域：語言、身體

踩著字母找名字

☑ 進一步熟悉自己名字的注音拼法
☑ 在遊戲過程中強化孩子的大肌肉

利用這個找出名字中聲母與韻母、拼出名字的遊戲，孩子將可進一步熟悉注音符號。

● **準備物品**

圖畫紙、麥克筆、剪刀

● **遊戲方法**

1. 裁剪圖畫紙，製作卡片。
2. 在卡片上寫上注音符號，製作成字母卡。
3. 將字母卡攤開在地板上。
4. 讓孩子找出組成自己姓名的注音符號，依序踩過字母卡。

125

● 遊戲效果

★進一步熟悉自己名字的注音拼法。

★在遊戲過程中強化孩子的大肌肉。

● 培養孩子可能性的訣竅及應用

　　孩子熟悉自己名字後,可以換成找拼出朋友家人姓名,或常見單詞的注音符號。或直接念出注音符號讓孩子找,並一樣要踩過字母卡。

發展淺談 小學新鮮人應具備的語言能力

　　為了解小學新鮮人的語言理解能力,在韓國分別會針對「單詞流暢性」「詞意理解能力」「聽力理解能力」等進行檢測。另外為評估兒童的表達能力,給定作文題目〈朋友〉,要求將自己的想法寫成文體不拘的文章,藉此分析文章的類型、句數與文法。

張博士，請幫幫我！

Q 我家有個6歲的孩子。最近應孩子要求，在睡前朗讀2本書。但是孩子經常手指著文字，要我念出來。所以文字較多的書，實在沒有足夠時間念給孩子聽。孩子這樣手指著文字，要父母念出來的原因是什麼呢？

A 升上小學之際，即使是能夠讀國字的小孩，也經常會要求媽媽朗讀書本。可能是喜歡和媽媽在一起讀書的氣氛，也可能是自己閱讀的時候結結巴巴，沒辦法隨心所欲加快速度，所以文章如果太長，便不容易跟上故事內容。但是孩子在閱讀的時候，手指著文字，要求大人念出來的原因，很可能是因為孩子雖然識字，但是還沒有完全掌握，對字形和字音的關係依然抱有濃厚的興趣。如果原因在此，就必須順應孩子的要求，一邊手指著文字，一邊讀給孩子聽。要是文字較多，手指著文字不便，不妨使用比指尖細的鉛筆或指引的工具。

此外，檢測孩子的閱讀流暢性，有助於掌握孩子目前閱讀的狀態。只要選擇孩子喜歡的，並且其中90％的單詞都能理解

的書本，讓孩子在1分鐘之內快速且正確地念出聲，檢查孩子讀到什麼地方。接著計算孩子能正確讀出的字數。5歲左右的孩子平均可以讀100到110個字。

Q 我家孩子5歲，現在在一般幼稚園上學。真的很擔心孩子的英文。現在是適合學習英文的時機嗎？我想請一對一的英文家教，可行嗎？

A 其實和英文學習時機一樣重要的，是英文教育的方法。有些孩子很能適應全英文的英文幼稚園和外籍老師，也有些孩子在無法流利表達心中想法的英文環境下，承受大量的壓力。所以在選擇英文教育的方法時，必須同時考慮多種因素，例如孩子的語言發展程度與特質、教師的英文實力及幼教經驗等。

如果孩子是初次接觸英文，在新的環境下容易感到較大壓力，最好接受一對一的指導。一對一指導的好處，在於能配合孩子的特性與程度。至於缺點的話，沒有在團體指導中和同儕朋友一起學習的樂趣，也過於強調學習，孩子沒多久就可能失去耐性。最好仔細考慮各種因素，和孩子討論過後再決定。

Q 兒子5歲，非常喜歡看書。自己一個人也會乖乖看書。可是我不禁好奇，孩子這樣自己看書也沒問題嗎？是不是要參加閱讀討論會之類的活動才好？真煩惱。這個年紀需要參加這些活動嗎？

A 喜歡讀書的孩子有太多書想讀，沒辦法等到媽媽念書給自己聽，最後變成自己閱讀了。過去我曾經進行5歲幼兒的閱讀研究，詢問孩子們讀過的內容，結果出人意料，孩子們讀是讀過了，可是大多沒有了解內容而含糊帶過。這種時候，媽媽或教師最好測試孩子的理解程度。

閱書討論會這類活動的好處，在於提供以一對一或小組的方式閱讀同一本書，再針對書中內容討論的機會。將讀過的內容與同儕分享，如果能再加上教師的引導，對於內容的理解程度必能有所提升，也能聽見其他人的觀點，是非常好的學習機會。除了口說之外，還可以連結至以文字或圖畫表達想法的活動，能以不同的方法重新思考與表達讀過的內容。換言之，不只是發表能力，也有助於思考能力與表達能力的發展。另一個優點在於除了自己喜歡的書之外，又能多方接觸不同類型的書籍。

從結論來看，閱讀後分享書中內容，多方進行讀後感活動，學習效果非常好。不過如果目前孩子正好喜歡閱讀，程度也能夠自行閱讀的話，與其讓孩子參加對外活動，不如和媽媽一起閱讀，討論書中內容，並試著以文字（即使只有一兩行也好）或圖畫表達想法，甚至親子一起扮演書中角色，讓學習更加有趣，那就是最好的閱讀討論活動了。

Q 周遭不少人給孩子買電子書，或拿靠近就會發出聲音的電子筆。聽說價格並不便宜，但是孩子們都很喜歡。相較於書本，買這些電子書或電子筆給孩子，真的有幫助嗎？

（A）近來智慧型產品的使用逐漸增加，除了紙本書之外，也出現了各式各樣的電子產品，例如智慧型手機、裝載於平板電腦內的電子書、還有拿靠近就能朗讀或發出趣味音效的電子筆。這些新穎的電子產品帶來的效果，至今仍然沒有太多研究。對於電子書持贊成態度的人，認為幼兒接觸新的電子產品時，因為感到新奇而瞬間提高對內容的投入程度，其影音功能也可以取代成人朗讀紙本書時的互動。反對派主張，幼兒在閱讀紙本書時的閱讀速度，比閱讀電子書畫面文字的速度快了50%，能夠專注於閱讀的時間也更長。

另外也有研究結果顯示，幼兒容易受電子產品的新奇迷惑，花費在測試機器的時間比書本內容更長。無論使用何種智慧型產品，孩子的發展程度與動機終究與學習效果息息相關。如果孩子對閱讀沒有興趣，還需要父母朗讀書本的程度，那麼或許可以利用智慧型產品提高孩子對書本的興趣。不過要是孩子能夠自行閱讀，且經常練習獨自一人看書，我想沒有必要為了提高孩子的興趣而額外購買電子書或其他電子產品。

同儕間的語言使用

語言能力不只表現在語言使用，也影響了與同儕間建構良好人際關係的社會性。善於聆聽同儕的聲音，同時明確表達個人意志的孩子，能與朋友維持良好的關係。同儕間發生衝突時，能夠以語言妥善解決事件，將可望成為受歡迎人物。

| 同儕間提供的語言環境是否有助孩子語言發展？|

以下是分析孩子與同儕語言使用的問題。請詳閱以下各問題，選擇最符合孩子情況的一欄。

領域	非常不正確	不正確	普通	正確	非常正確
	1	2	3	4	5
1. 孩子和朋友的對話流暢。					
2. 孩子在朋友面前能侃侃而談。					
3. 孩子能明確向朋友說明自己的意見。					
4. 孩子能以對話解決與朋友之間的爭執。					

5. 孩子能將其他小朋友的話聽完，再陳述自己的想法。			
6. 孩子與朋友間有大量對話。			
7. 朋友詞彙使用錯誤時，孩子試圖糾正。			
8. 孩子和朋友喜歡閱讀。			
9. 孩子和朋友經常使用生詞。			
10. 孩子和朋友不說髒話。			
11. 孩子和朋友在對話中使用親密的語言。			

回答所有選項後，將以下各子領域對應的問題分數相加，算出總分。如果平均分數各高於3.7、3.6分，可視為孩子與朋友之間的語言環境良好。如果平均分數明顯低於3分，則有必要重新檢視孩子與同儕的語言環境。

子領域	問題內容	問題編號	總分／總問題數
對話	與朋友的關係良好，透過與朋友的對話解決問題，並善於傾聽其他朋友的想法	1、2、3、4、5、6	／6
對語言的態度	視對方的需求和程度適度調整，例如朋友詞彙使用錯誤時，提出指正，或與朋友使用新的生詞等	7、8、9、10、11	／6

Chapter 3

好奇心發展・探索

專為 **48** 至 **72** 個月孩子設計的潛能開發統合遊戲

培養孩子**數學**概念，
讓好奇心引發**科學**興趣

孩子不只會數數，
也會簡單加減法的時期

●●●

探索領域發展的特徵

探索領域目標在於「使其產生好奇心，探索周遭世界，培養在日常生活中數學性思考、科學性思考的能力與態度」。換言之，尋找日常生活中能適用數學與科學原理的活動，開心地玩樂，由此具備對數學與自然的好奇心。探索領域主要包括以下幾個項目。

- **培養探索的態度**：由「維持與擴大好奇心」、「享受探索過程」、「善用探索技巧」所組成。
- **數學性探索**：由「了解數字與運算的基礎概念」、「了解空間與圖形的基礎概念」、「基礎測量」、「掌握規律性」、「基礎資料收集與結果呈現」所組成。

另一方面，過去主要由數學公式與解題組成的數學課

135

程，如今經常藉由童話或故事，以說故事的方式說明數學的意義與歷史脈絡、日常生活中的實用案例。這同樣有助於培養在生活中尋找範例，透過遊戲與故事進行數學性思考的習慣。數學學科的具體內容，特色在於科學與原本的禮貌生活、趣味生活（體能、藝能）、智慧生活（社會、科學），結合為一個整合型學科。

基礎階段缺乏理解，下一階段的學習便不易進行，這是數學與科學具備的特徵。因此在這個時期，如果能在趣味的遊戲中自然學習數學與科學，累積有趣的經驗，對未來的學習必定大有幫助。

激發孩子興趣的遊戲

- **數字與運算遊戲：**可確實幫助孩子理解數字大小的遊戲，例如〈直線加減法〉（P.146）、〈數字比大小〉（P.148）、〈數字分拆遊戲〉（P.150）、〈相加等於10〉（P.153）、〈撿紅點學數學〉（P.156），有助於對數字的理解。〈有降落傘和梯子的數字圖版〉（P.159）則可一邊玩圖版遊戲，一邊開心學習大數字的加減概念。
- **空間與圖形相關遊戲：**尋找日常生活中立體圖形的〈立體圖形的相本DIY〉（P.162）、〈好吃的立體圖形〉（P.165）、〈小玩偶在哪裡？〉（P.168）的遊戲，皆有幫助。

- **基礎測量遊戲**：藉由〈長短排序〉（P.173）、〈誰丟得比較遠？〉（P.141）、〈30分鐘有多久？〉（P.144）等遊戲，可以體驗在實際生活中比較長度和測量時間的方法。
- **理解規律性遊戲**：觀察房間壁紙的花紋、觀察衣服型式等遊戲，是實際體驗規律性的好機會。
- **基礎資料蒐集與呈現結果遊戲**：透過〈整理冰箱〉（P.176），得以學習如何繪製簡易圖表，並利用文字或圖畫呈現蒐集來的資料。

　　除此之外，閒暇時朗讀有趣的數學童話或故事書，使孩子進一步確實掌握數學概念，並利用遊戲讓孩子以言語表達自己理解的內容，如此一來，孩子將可在媽媽牌遊戲下蛻變為喜愛數學和科學的孩子。

好奇心發展‧探索：孩子不只會數數，也會簡單加減法的時期

● 48至72個月探索領域學習目標檢測表

請觀察孩子是否達到此時期的探索領域的學習目標，並記錄下來。如果
家裡的孩子未能達到表列的學習目標，不妨利用本書【好奇心發展‧探
索】中的遊戲，帶領孩子一起學習。

年齡/月齡		學習目標	觀察內容
滿4歲 (48至 59個月)	培養探索 的態度	持續對周遭事物與自然界感到好奇	
		對解開疑惑的探索過程抱持興趣並積極 參與	
	數學性 探索	在解決日常生活問題的過程中，善用探 索、觀察等方法	
		了解生活中使用的數字的各種意義	
		了解實物數量中，「相同」「較多」 「較少」的關係	
		數算十個左右的實物，得知其數量	
		以各種方式表示位置與方向	
		認識基本圖形的特徵	
		利用基本圖形組成各種圖案	
		在日常生活中比較長度、大小、重量等	
		了解生活周遭反覆出現的規律性	
		認知並模仿反覆出現的規律性	
		收集必要的資訊或資料	
		嘗試以單一標準分類資料	
	科學性 探索	了解熟悉的物體與物質的特性	
		以各種方法嘗試改變物體與物質	
		對自己的誕生與成長感到好奇	

年齡/月齡		學習目標	觀察內容
滿4歲 (48至 59個月)	科學性 探索	了解有興趣的動植物的特性	
		擁有珍惜生命的胸懷	
		關心適合生命居住的環境	
		了解石頭、水、泥土等自然物質的特性 與變化	
		關心天氣與氣候變化	
		在生活中利用簡單的工具與機器	
		關心工具與機器的便利性	
滿5歲 (60個月 以上)	培養探索 的態度	持續對周遭事物與自然界感到好奇,並 嘗試尋找答案	
		積極參與解開疑惑的探索過程,並且樂 在其中	
		在探索過程中關心彼此不同的想法	
		在解決日常生活問題的過程中,善用探 索、觀察、比較、預測等探索技巧	
	數學性 探索	了解生活中使用的數的各種意義	
		了解實物的部分與全體的關係	
		數算二十個左右的實物,得知其數量	
		體驗以實物進行加減	
		以各種方式表示位置與方向	
		從各種方向觀察物體,並比較其差異	
		了解基本圖形的共通點與差異點	
		利用基本圖形組成各種圖案	
		在日常生活中比較長度、大小、重量、 容量等屬性,並排列順序	

年齡/月齡		學習目標	觀察內容
滿5歲 （60個月 以上）	數學性 探索	利用任意的測量單位測量長度、面積、容量、重量等	
		了解生活周遭反覆出現的規律性，並預測之後可能出現的事物	
		試著自行創造規律性	
		收集必要的資訊或資料	
		以單一標準分類資料，再以其他標準分類之	
		利用圖案、照片、符號或數字繪製圖表	
	科學性 探索	了解周遭各種物體與物質的基本特性	
		以各種方法嘗試改變物體與物質	
		了解自己與他人的誕生與成長	
		了解有興趣的動植物的特性與成長過程	
		擁有珍惜生命的胸懷	
		關心適合生命居住的環境與綠色環境	
		了解石頭、水、泥土等自然物質的特性與變化	
		關心天氣與氣候變化等自然現象	
		在生活中利用簡單的工具與機器	
		關心日新月異的工具與機器，並了解其優缺點	

統合領域：探索、語言、身體

誰丟得比較遠？

☑ **體驗比較長度或距離的各種方法**
☑ **知道不同單位要用不同測量方式**

「測量」一詞聽起來也許困難，不過利用學習測量距離等
各種測量方法的遊戲，便可輕鬆比較距離。

● **準備物品**
小沙包2顆、50公分左右的緞帶
或絲線、積木、繪本等

● **遊戲方法**
1. 媽媽和孩子站在同一個位置（設定起點線）、朝同一個方向各
   丟一顆沙包。
2. 詢問孩子「誰沙包丟得遠」。讓孩子先以肉眼觀察並回答後。
   接著，詢問孩子「是否有其他更準確的比較方法」。
3. 和孩子一起思考測量起點線與沙包間距離的方法。

   ①**直接比較**：直接比較兩個沙包位置的方法。
   ②**間接比較**：以步伐測量、以尺測量、以書測量、以緞帶或絲
   線測量、以積木拼成的積木塊測量等。

好奇心發展・探索❶ 誰丟得比較遠？

4. 以各種方法直接測量到沙包的距離。

5. 將測量結果製成表格。

測量概念	媽媽丟的距離	孩子丟的距離
絲線	3條	2條
孩子的步伐	8步	5步
積木塊	15塊	10塊

● **遊戲效果**

★體驗比較長度或距離的各種方法。

★體驗雖然學習利用尺等測量工具測量的方法最為簡單，不過為了掌握測量原理，也可以利用尺以外的其他工具和方法（積木、繩子、步伐等）。

★體驗彼此使用不同的單位（物品），測量結果也會改變的事實。

● **培養孩子可能性的訣竅及應用**

　　和孩子討論以媽媽步伐和以孩子步伐測量相同距離時，結果為什麼會不一樣（為什麼以媽媽步伐測量時，步數會比較少呢）。

①**面積測量**：選擇大小不同的兩本繪本來比較面積，看哪一本的面積大。此時可以用便利貼作為測量的工具。

②**體積測量**：比較牛奶罐和草莓果醬瓶的體積，看哪一個體積較大。此時不妨利用紙杯和米（或水）測量。將米（或水）裝滿容器後再分別倒入空紙杯，觀察看看哪一個容器能裝進較多杯的米（或水）。

③**重量測量**：比較高爾夫球和網球的重量。此時不妨利用雙盤天平（將兩個紙杯掛在衣架兩端，製作雙盤天平）來比較重量。

發展淺談 增加測量工具，有助數學能力提升

　　為提升幼兒測量能力而提供以下各種測量工具與充分探索的環境，不僅有助於理解測量概念，也可連帶提高整體數學能力。

測量概念	非標準單位工具	標準單位工具
長度	鉛筆、色鉛筆、緞帶、線、長紙條、長條瓦楞紙	各種長度的直尺、布尺
面積	A4紙、8開圖畫紙、色紙、便利貼	面積與體積計算器
重量	各種大小或材質的珠子、簡易的自製天平	雙盤天平、雙盤水盆天平、磅秤
體積	各種大小的珠子、保麗龍球、彩色石子、水、沙子、米、豆類	燒杯組、滴管、量杯等
時間	組裝式沙漏、一日行程表	沙漏、時鐘

統合領域：探索、語言

30分鐘有多久？

☑ **讓孩子開始思考時間的流逝**
☑ **學習不看時鐘也能測量時間的方法**

「30分鐘會是多久的時間？」在這個遊戲中，將讓孩子開始思考時間的流逝，與在沒有時鐘（手表）的狀況下，如何測量時間的長度。

● **準備物品**
智慧型手機的時鐘或計時器

● **遊戲方法**

1. 和孩子討論「30分鐘有多久」。

「小勇啊，你曾經在吃完飯後的30分鐘吃藥吧？記得那時候的30分鐘是多久的時間嗎？」

「小勇啊，你曾經在遊戲區一口氣玩了30分鐘吧？那時候30分鐘有多久？1小時又是多長的時間？」

2. 利用智慧型手機的時鐘或計時器，測量1分鐘有多久。

3. 依照自己的感覺等待30分鐘，再對照時鐘，看時間是否正確。

● 遊戲效果

★讓孩子開始思考時間的流逝。

★學習在不看時鐘的情況下測量時間的方法（或行動）。例如：30分鐘是讀3本繪本花費的時間、看1個喜歡的電視節目的時間。

● 培養孩子可能性的訣竅及應用

　　讓孩子學習看時鐘的方法，直接測量30分鐘、1小時。也能體驗到同樣是30分鐘，有些活動感覺時間較長（例如：孩子覺得無聊或討厭的活動），有些活動感覺時間較短（例如：玩遊戲或觀賞喜愛的電視節目時）。

發展淺談 **時間概念的發展**

　　日常生活中經常使用到時間，不過幼兒對時間掌握的發展相對較慢。大體而言，4歲左右能區別上午和下午；5歲左右知道今天幾號；7歲知道現在幾點、幾月、什麼季節；8歲知道幾年、幾月、幾日，也知道什麼是時間。在行為方面，大約5歲就知道什麼時候上床、起床，知道什麼時候上學、下午什麼時候開始。不過，要孩子從時間上來理解「未來事件」，大約要到8歲才有顯著發展。

統合領域：探索、身體

直線加減法

☑ 具體了解數字大小、加減法
☑ 幫助孩子具備基本的數字感

利用這個遊戲可帶領孩子具體理解與掌握數字的原理，例如較大的數字、較小的數字、加法與減法、倍數等。

● **準備物品**

強力膠帶、剪刀、白色圖畫紙（或便利貼）、麥克筆

● **遊戲方法**

1. 在地板上貼一道長長的膠帶，並在一定間隔處做標示。
2. 在白紙上寫下0到20，並依序貼在【步驟1】的一定間隔標示處（孩子6歲左右可增加到100，5歲左右則能寫到50）。
3. 由其中一人出題，另一人站在寫有數字的膠帶直線上。
4. 答題者站在出題者首先說出的數字上。例如「6＋3」，先站在數字6的位置，接著往數字大的方向移動（減法移動方向反之），並一邊數「1、2、3」。最後大聲念出答案「9」。

| 1 | 2 | 3 | 4 | 5 | 6 | 7 | 8 | 9 | 10 | 11 | 12 | 13 | 14 | 15 | 16 | 17 | 18 | 19 | 20 |

● 遊戲效果

★ 具體了解較大的數字、較小的數字、加減法等。

★ 訓練孩子在腦海中畫出數字直線的能力，將可使他更具備基本的數字感。

★ 改由在室外畫出加長版數字直線（間隔變大），可充分達到大肌肉運動效果。

● 培養孩子可能性的訣竅及應用

　　為比較兩個數字，可各自站在數字直線上的對應位置，接著說出哪個數字比較大、哪個數字比較小。進行逢10數數或逢5數數遊戲時，讓孩子站在數字直線上，數算10或5的數字後移動，再大聲念出對應的數字。

　　在便利貼上寫下數字，取一定間隔貼在地板上，也可以簡單製作數字直線。如果空間比較狹小，不妨使用1至2公尺的線，取5公分一間隔，以洗衣夾或迴紋針將數字掛在線上。

發展淺談 **數字直線比數字海報更有效果**

　　多數有幼兒的家裡都貼有數字海報。數字海報主要從1到10排成一列，下一列再從11排到20，如此依序排列，直至50，甚至到100。由於數字海報的排列模式，孩子一開始並不了解10和11的關係。數字直線排成一直線，可自然而然熟悉數字彼此相連的關係。當然，如果數字不斷增加，並不容易排成一直線，不過，利用數字直線和孩子一起玩遊戲，會比數字海報更有助於數字感發展。

統合領域：探索、語言、社會性

數字比大小

☑透過數字卡讓孩子更熟悉數字
☑以趣味方式自然比較數字大小

透過遊戲趣味學習較大的數字與較小的數字的意義，並自然而然知道如何比較數字的大小。

● **準備物品**
白色圖畫紙、麥克筆、剪刀

● **遊戲方法**

1. 將白色圖畫紙裁剪為3×5公分的大小，分別寫上數字1到10。製作4組1到10的數字卡。
2. 將4組數字卡洗牌洗亂，再依序發給參與遊戲者，每個人拿到的卡片數量相同。

3. 拿到卡片後，將牌堆疊蓋住，同時從最上面開始翻牌，並說出自己卡片的數字。
4. 翻開卡片後，數字最大的人獲勝，可收回其他人的卡片。
5. 繼續翻開卡片，比較數字大小，直到卡片全部翻完為止。

● 遊戲效果
★ 使用數字卡可以更熟悉數字。
★ 以趣味的方式比較數字大小。

● 培養孩子可能性的訣竅及應用
★ **使用撲克牌玩遊戲**（先告訴孩子A是1）：相較於一個人一次翻一張牌的遊戲，不如一次翻兩張牌，將兩個數字相加或相減，最後得出數字較大的人（或較小的人）獲勝。
★ **加法遊戲**：設定為兩位玩家，各自翻開兩張牌後，將兩張牌的數字相加，數字較大的人獲勝。
★ **減法遊戲**：設定為兩位玩家，各自翻開兩張牌後，由大的數字減去小的數字，數字較小的人獲勝。

發展淺談 10和20的差異與80和90的差異一樣嗎？

對大人而言，兩者相差皆10，答案當然是「一樣」。但孩子並不這麼想，因為他們對較大的數字還沒有具體概念。這與成人對千億、兆、京等超大數字沒有概念一樣。那麼，該如何讓他們了解呢？利用數字直線就可以。例如，製作好數字直線後，於左端標示0，於右端標示100，讓孩子自己標示出10和20的位置，再標示出80和90。如此作法發現，多數幼童標示出的10和20的間距，會比80和90的間距大上許多。這項實驗告訴我們幼兒心中的數字是如何呈現的，要到小學2年級左右，才能固定安排到100以前的所有數字。一項研究指出，學童數字直線理解越正確，數學成績越好。經常使用數字直線，與孩子一起在直線上推估數字的位置，對孩子越有幫助。

統合領域：探索、身體

數字分拆遊戲

☑奠定學習加法和減法的基礎
☑學習以各種方法分拆一個數字

利用家中經常使用的夾鏈袋，以各種方法分拆數字的遊戲。父母們也許會覺得孩子不易上手，不過卻是讓數字分拆變得容易的遊戲。

● 準備物品
小夾鏈袋、糖果或圍棋子5顆、麥克筆、動物貼紙（可任選）

● 遊戲方法

1. 以麥克筆在夾鏈袋的正中間畫一條線。
2. 線的左邊與右邊各寫上不同動物的名字，或貼上動物貼紙。例如：左邊是狗，右邊是貓
3. 放入5顆糖果，分拆給狗和貓。
4. 當孩子以一個方法分拆糖果後，再口頭告訴孩子其他方法。例如：5可以分成2個和3個，也可以分成1個跟4個。
5. 讓孩子以其他方法分拆糖果後，並嘗試做口頭說明。
6. 將分拆「5」的各種方法寫在紙上，和孩子一起討論。

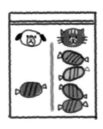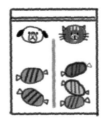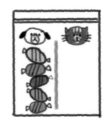

● 遊戲效果
★ 透過加法和減法運算基礎的數字分拆遊戲，學習以各種方法分拆一個數字。
★ 讓孩子利用視覺輔助簡單的分拆數字。

● 培養孩子可能性的訣竅及應用

　　也可以利用透明塑膠杯或免洗紙盤。等孩子熟悉利用兩個紙盤進行數字分拆後，再挑戰利用三個紙盤將數字分拆為三份。遊戲中不妨逐漸增加糖果或圍棋子的數量。

發展淺談 **別讓孩子成為「放棄數學的人」**

　　有一群人被稱為「放棄數學的人」，指的是無論數學考試困難與否，成績永遠拉不上來的學生。數學是特別重視基礎的學科，如果無法理解學過的概念，那麼不管再怎麼努力，也不可能有好的表現。美國一項研究在分析大規模追蹤研究資料後，指出小學入學前的幼兒數學，對學業成就影響甚鉅。

加州大學爾灣分校（University of California, Irvine）鄧肯（Greg Duncan）教授與同事曾分析在美國、英國、加拿大進行的6個大規模追蹤研究資料，根據其結果，幼稚園入學時的數學、閱讀、注意力，對學業成就相當重要，其中又以早期數學能力最能預見日後的學習能力。

2010年，加拿大的研究結果也提出類似的結論。小學入學當時的數學成績，不僅能預測入學後的數學成績，也能預測2、3年級時的閱讀能力。該研究的結論，同樣在於幼兒期數學概念的理解對學業成就影響甚鉅。不過在這項研究中，幼兒數學不單只是背記與使用數字名稱的活動，而是藉由本書所介紹的趣味遊戲，進行數字計算、圖形與型式的理解與測量、資料收集與圖表呈現等活動，在此過程中以數學思考、對話的能力。

統合領域：探索、語言、社會性

相加等於10

☑具體掌握相加為10的數（即10的補數）
☑了解10的補數，有助提升日後運算速度

找出以各種方法將數字卡上的數字相加為10的遊戲。可熟悉相加為10的各種方法與加法。

● 準備物品
白色圖畫紙、麥克筆、剪刀

● 遊戲方法
1. 將圖畫紙裁剪為3×5公分大小，製作12張卡片。
2. 除了數字5的卡片需製作2張外，其他卡片分別寫上數字0到10。之後將數字卡攤開在地上。
3. 依序找出數字「相加為10」的兩張卡片，並大聲念出數字。例如：「0＋10」「3＋7」「5＋5」等。
4. 如果選到兩張數字相加不等於10的數字卡片，就要放回原位，輪到下一位玩家。
5. 直到地板上的卡片抽完，遊戲即結束。
6. 看著自己和對方拿走的卡片，將相加為10的數字組合寫在紙上。

153

● 遊戲效果

★開始以數字代替實物練習相加為10。

★具體掌握相加為10的數字，即10的補數。

★了解10的補數後，有助於日後加快運算速度。

● 培養孩子可能性的訣竅及應用

　　等孩子熟悉這個遊戲後，將數字卡翻面蓋住，讓孩子翻開兩張數字卡（此時應選擇背面沒有記號的數字卡），如果相加為10，則取得2張數字卡。如果相加不等於10，必須將卡片放回原本的位置，重新翻面蓋住，由下一人進行遊戲。如此一來，就成為結合記憶力的遊戲了。若玩家只有一人，則在卡片的背面點上相當於數字的點，選擇好兩張卡片後，將數字卡上的點相加，確認是否為10。

發展淺談 加法策略

孩子們在進行加法運算時，主要使用以下幾種策略。

①**利用實物數數**：將兩個實物放在一起，全部數算。例如：3＋4時，將7個實物放在一起，從1數到7

②**以手指數數**；以手指代替實物數數。

③**接續數數**：不使用實物，在心中數數。例如：3＋4時，從3開始數四個數，數到7為止

④**從較大數開始數**：不使用實物，在心中數數。（例如：3＋4時，由其中數字較大的4開始數3個數，即從4向後數5、6、7。

⑤**直覺反應**：由於經常練習加法，已將答案記在心中。例如：一聽到「3＋4＝？」，就能立刻回答「7」。

在這些方法中，最高階的策略當然是「直覺反應」，不過這需要大量練習。有些孩子缺乏練習，到了小學低年級，依然使用手指數數。在此情況下，雖然短時間內還必須使用手指，不過仍應以正確數數為原則，不斷反覆練習，直到能自動完成簡單的數數為止。此外，也應教導孩子較進階的加法策略（接續數數與從較大數開始數）。

統合領域：探索、語言、社會性

撿紅點學數學

☑ 透過有趣方式練習相加為10的數字
☑ 掌握數字結構，並練習加法、減法

改變撲克牌遊戲「撿紅點」的規則，進行相加為10的遊戲。這個遊戲可由兩人以上一起玩，孩子們都很喜歡。

● **準備物品**
白色圖畫紙、麥克筆、剪刀（或使用撲克牌中的數字卡，1到10的卡片4組，共40張）

● **遊戲方法**
1. 製作寫有數字1到10的數字卡4組，或使用撲克牌的1到10也可以。
2. 洗好牌後，每人各拿5張，其餘卡片翻面蓋住，置於中間。
3. 將自己手上的卡片中，數字相加為10的卡片丟出，再從中間的牌中拿回丟出的牌數。
4. 遊戲由第一人開始，依逆時針方向輪流進行。換言之，由第一人向自己右邊的人發問。
5. 選擇自己手中的其中一張卡片，念出與此數字卡相加為10的數字，詢問下一人手中是否有此數字卡。例如：自己有1、7、1、10、5數字卡，想丟出7，就要詢問下一人是否有「3」。

6. 如果對方手中有自己念出的數字，則獲得對方的卡片，和自己手上的卡片一起丟出（在此情況為7）後，輪到下一人進行。

7. 如果對方沒有自己念出的數字卡片（在此情況為3），則對方要回答「Go Fish」。此時，由自己先從中間的牌中拿走一張，確認手中是否有和這張卡片數字相加為10的數字。如果有和新卡片相加為10的卡片，則將兩張卡片丟出。如果沒有相加為10的卡片，則輪到下一人進行。

8. 如果自己手中的卡片已經丟完，中間的牌還有剩，則從中間的牌中拿走兩張。中間的牌被拿完後，遊戲即結束。

9. 最後將自己相加為10的卡片寫下來。例如「0＋10」「3＋7」「5＋5」等。

● **遊戲效果**

★ 可透過有趣的遊戲練習相加為10的數字。

★ 可掌握數字的結構，並趁機練習加法、減法。

● 培養孩子可能性的訣竅及應用

可以2到4人一起玩遊戲，也可以將10換成其他數字。孩子丟出兩張卡片的時候，和孩子一起確認兩個數字相加是否為10（或約定的數字）。也可以不留下中間的牌，將卡片發給所有玩家後，再開始進行遊戲。

發展淺談 減法策略

減法是加法的反運算，必須從較大的數減去較小的數。減法必須在腦中反向思考數字，同時記住計算的數字，因此比加法更為困難。在進行減法時，孩子使用的方法如下。

①**利用實物數數**

★ 減去法：以「5－3」為例，從較大數「5」裡面減去較小數「3」，數剩下的2個。

★ 從較小數往上加：以「5－3」為例，從較小數「3」往上加到較大數「5」。

②**以手指數數**

③**往上數**：不使用實物，在心中從較小數往上數到較大數，以「5－3」為例，依序數出3、4、5。

④**往下數**：同樣在心中數數，從較大數反著往下數到較小數，以「5－3」為例，依序數出5、4、3。

減法也是從數算實物、以手指數數開始，當練習足夠後，便可發展至在心中數數，因此生活中充分的練習有其必要。

統合領域：探索、語言、社會性

有降落傘和梯子的數字圖版

☑ 有降落傘和梯子的數字圖版
☑ 依照擲出數字移動棋子可練習加法

擲出骰子並依照丟出的數字在棋盤上移動旗子的遊戲，降落傘和梯子的設計則讓人有機會反敗為勝，增加遊戲的刺激性。

● 準備物品
大張紙、麥克筆、骰子

● 遊戲方法

1. 在大張紙上畫出橫邊有10個，直邊有5個，共50個格子的數字棋盤。

2. 在【步驟1】製作好的棋盤上，填入數字。從左下第一格開始，往右依序填入數字1到10，從10的上面一格起，往左依序填入數字11到20。換言之，在填完數字的地方，再連結到上面一格，直到填完數字50為止。

3. 在棋盤的各個角落，畫出連接上下數字的紅色曲線（降落傘）和黃色曲線（梯子）。降落傘的標示在開始的數字上畫一個點，曲線連接至下方較小的數字。梯子的標示則相反，從小的數字開始，以直線連接上方較大的數字（詳見圖示）。

159

4. 準備好棋盤後，擲出骰子，依照骰子上的數字移動棋子。當棋
   子走進畫有梯子或降落傘的格子內時，若為梯子，則往較大的
   數字上升，若為降落傘，則往較小的數字下降。

5. 最快到達數字50的人獲勝。如果出現的數字太大，超過50，則
   要等到下一輪再擲出骰子。

● 遊戲效果
★ 自然熟悉數字1到50的連貫性。
★ 擲出骰子，依照擲出的數字移動棋子，可練習「加法」。
★ 可練習在遊戲中遵守規則，並獲得勝利或失敗的體驗。

● 培養孩子可能性的訣竅及應用
   本遊戲被廣泛應用於學童的數學學習，效果甚好。可依
照孩子的程度玩到20，也可以將數字增加到100。梯子和降落
傘的數量也可以適度減少或增加。

發展淺談 **數字圖版遊戲有助於數學能力的發展**

　　幼兒的數學知識在進行與數字相關的遊戲中養成。在卡內基美隆大學（Carnegie Mellon University）研究團隊所進行的一項研究中，要求4到5歲的幼兒在數字直線上標示數字。數字遊戲經驗越少的幼兒，數字位置的正確度越低，數字間順序錯誤的情況也一再發生。

　　在第二項研究中，提供同齡幼兒使用「數字圖版」的遊戲。受測者在2周內進行4次，每次各15分鐘的簡單數字圖版遊戲。原理與降落傘和梯子圖版遊戲相同，不過不使用骰子，而是旋轉轉盤，依照轉出的數字移動數字圖版上的棋子，最先到達目的地的人獲勝，相當簡單。研究人員提供另一組受測者進行「顏色圖版」遊戲，而非「數字圖版」。這個遊戲的玩法，是旋轉轉盤決定顏色（例如：藍色），再從顏色圖版上移動至相同顏色的格子內（例如：藍色格子）。研究結果指出，使用數字圖版的幼兒，即使只玩過4次遊戲，數字感也會提高，然而使用顏色圖版的幼兒，即使玩了4次遊戲，數字感也沒有提升。

統合領域：探索、身體

立體圖形的相本DIY

☑熟悉立體圖形的特徵與結構
☑體驗不同拍照角度的不同效果

這是從我們周遭各式各樣的物品中尋找立體圖形，並拍下照片的遊戲。

● 準備物品

智慧型手機或數位相機

● 遊戲方法

1. 教導孩子以智慧型手機拍照的方法。

2. 讓孩子熟悉基本立體圖形的名稱與特徵。例如：立體圖形中，圓形且可以滾動的是「圓柱體」，扁平且可以堆疊的是「正方體」「長方體」，還有球體、圓錐體等。

3. 讓孩子尋找周遭各種立體圖形，並拍下照片。

4. 列印（或洗出來）孩子拍下的照片，準備一本當作相本的筆記本。

5. 將各種立體圖形的照片貼在筆記本上，寫下名稱和特徵。

遊戲效果

★ 找出日常生活中的立體圖形，熟悉立體圖形的特徵。
★ 製作相本，日後可重複使用與討論。
★ 體驗拍照的角度不同，物品將會如何改變。

培養孩子可能性的訣竅及應用

　　和孩子討論將柱體或錐體的底面蓋在印泥上，再印於紙張，會出現什麼圖案，以掌握立體圖形與平面圖形的關係。

發展淺談 圖形理解也有分階段

　　這個時期的孩子對圓形、四角形、三角形等圖形非常有興趣，而他們在了解與認識圖形上也有階段之分。

①**前認識期程度**：相當於4歲以前幼兒的程度。雖然看得懂圖形，不過只能分辨部分特徵，因此當各種圖形混合在一起時，便無法明確區分。這個程度的幼兒在畫出圓形、正方形、三角形等圖形時，幾乎都以不規律的曲線畫圖。

②**視覺性程度**：為4到6歲幼兒的階段，他們能從整體形狀認知圖形，並連結至自己所知的事物，分辨出是什麼圖形。例如四角形「長得像門（或書本）」，所以是四角形。這個時期的幼兒能夠配對或畫出類似的圖形。

③**說明性程度**：相當於小學低年級學童的程度，他們能夠以構成圖形的要素來分析圖形的形狀。例如四角形是「由四個邊和四個角組成的圖形」。在此程度下的學童不但能畫出四角形，即使是平行四邊形，也能根據四個角和相連的四個邊來判定是四角形。

　　以上圖形理解程度並非自然發展，而是由教育決定。因此，當孩子正確理解位置概念後，應透過生活中的經驗逐步教導點、線、面和三角形、四角形等圖形的定義，如此一來，孩子將可跨越區辨圖形的程度，進一步認識圖形，並隨個人的資質發展至確實掌握圖形的程度。

統合領域：探索、身體

好吃的立體圖形

☑ 利用孩子最感興趣的餅乾學習圖形
☑ 喚起孩子對圖形名稱或特徵的記憶

利用孩子喜歡的餅乾尋找立體圖形的遊戲。在玩遊戲的同時，除了可以熟悉圖形，還可以享用餅乾。

● 準備物品

各種形狀的零食（球體：糖果、巧克力球／圓錐體：金牛角、冰淇淋甜筒／正方體：牛奶糖／長方體：夾心酥／圓柱體：脆笛酥）

● 遊戲方法

1. 拿出各種形狀的餅乾，讓孩子依照形狀分類（球體、圓錐體、圓柱體、正方體、長方體）。
2. 協助孩子認識各種形狀的名稱和共同點。
3. 了解與其他形狀的差異。

球體　　　　圓錐體　　　　圓柱體　　　　正方體

好奇心發展・探索 ❿ 好吃的立體圖形

165

● 遊戲效果

★ 利用孩子們最感興趣的零食來學習圖形。

★ 由於是日常生活中經常接觸的物品，容易喚起對圖形的名稱或特徵的記憶。

● 培養孩子可能性的訣竅及應用

　　不妨拍下餅乾的形狀，貼在立體圖形相本中。將喜歡圖形的餅乾集中在一起，以夾鏈袋分類後，再拍下照片。

發展淺談 單憑積木遊戲能充分學習圖形嗎？

　　孩子進行各種有助於理解圖形的活動，例如拼圖、七巧板（將分離的板子拼成原本形狀的遊戲）、積木、摺紙活動等，然而要能掌握圖形特徵，並在「說明性程度」下熟悉圖形，單憑這些活動並不充分。這時需要成人適時介入。

　　在韓國一篇碩士論文中，以5歲幼兒為對象，比較獲得成人各種協助（對於圖形辨別與認識的示範、提問與提示）的一組與沒有成人協助的一組。以獲得成人協助的一組為例，當幼兒看見長而尖銳的三角形，回答「這個不是三角形」時，大人提出各種問題來激發幼兒的思考，例如「這個也有3個尖尖的頂點呀？」「還有1、2、3，三條直線耶。就算這樣，也不是三角形嗎？」

結果顯示，成人的介入對分辨三角形帶來正面的影響。孩子在事前觀察時，因為「看起來又長又彎」而回答「不是三角形」，事後由成人說明因為「有3個頂點」，所以判定為「三角形」。顯示孩子在玩積木或拼圖的期間，憑一己之力探索圖形的構成要素（例如：3個邊、長度相同的4條線、頂點等），仍存在一定的侷限。觀察孩子的遊戲情況，並在適當的時機點就圖形的構成要素對孩子提問、提示或教育，必定大有幫助。

統合領域：探索、語言

小玩偶在哪裡？

☑具體了解容易混淆的空間概念
☑可以正確掌握與表達空間詞彙

利用這個學習表示不同位置和方向的空間詞彙的活動，讓孩子確實掌握表達空間的詞彙。

● **準備物品**
透明塑膠杯2個、孩子喜歡的卡通玩偶

● **遊戲方法**

1. 在塑膠杯的其中一面畫上眼睛，表示正面。

2. 以杯子為中心，將玩偶放在不同的位置上，詢問孩子玩偶在什麼地方。先向孩子說明空間詞彙，引導孩子用手指或使用「這裡」「那裡」等指示詞正確表達。空間詞彙：上面／下面／底下；右邊／左邊；前面／後面／旁邊；近／遠；裡面／外面；中間。

3. 角色交換，讓孩子將玩偶放在塑膠杯附近任意位置，由媽媽以口頭表達人偶的位置。這時可以偶爾故意說錯人偶的位置，確認孩子是否專心聆聽回答。

● 遊戲效果

★可以具體了解容易混淆的空間概念。

★協助孩子正確掌握與表達空間詞彙。

● 培養孩子可能性的訣竅及應用

　　讓孩子坐在客廳的正中央，大人利用空間詞彙說出物品所在地點，再讓孩子尋找該物品。此外，也可以挑戰使用空間詞彙的身體活動。好比向孩子下達含有空間詞彙在內的指令，讓孩子直接以身體動作表達，例如「把手放在椅子底下」「把腳放在椅子上」「站在電視機左邊」「站在冰箱右邊」等。或反過來由孩子使用空間詞彙，以口頭說出媽媽所在的位置。也可以看著繪本中的圖畫，使用空間詞彙說出人物的位置。有些孩子左邊和右邊容易搞混，最好多留意。

發展淺談 對「左邊／右邊」的理解

　　在一項早期研究中，曾測試370名4到13歲男、女童對左邊／右邊概念的理解。要求受測者舉起自己的左手／右手時，5到7歲的兒童80%以上動作正確。然而要求他們指出對面坐著的老師的左手／右手時，必須超過8歲才能正確回答。換言之，到了8到9歲左右，才能分辨對方的左邊／右邊。10歲以後能理解物品或對象的左邊／右邊，如此看來，到了10歲左右才算完成對左邊／右邊的理解。

統合領域：探索、語言

按照指令找寶物

☑ **利用自己身體分辨左邊和右邊**

專為分不清左邊和右邊，經常穿鞋穿錯左腳和右腳的孩子所設計的遊戲。

● **準備物品**

孩子喜歡的餅乾

● **遊戲方法**

1. 將孩子喜歡的餅乾藏在客廳的櫃子或沙發等家具旁邊。
2. 孩子仔細聽完媽媽的指令後，出發尋找餅乾。
3. 由媽媽下達指令，告訴孩「從所在位置，如何前往藏有餅乾的地方」，指令要包括「左邊／右邊」的方向與位置、距離等。例如「站在房間門前面，往客廳的方向走兩步。右轉後，再走三步。打開旁邊櫃子左邊最下面的抽屜」。

● 遊戲效果

★ 有助於利用自己的身體分辨左邊和右邊。

● 培養孩子可能性的訣竅及應用

在教孩子左邊／右邊時，避免和孩子面對面，應與孩子站在同一側。先確定孩子的慣用手後，從慣用手的一邊開始教起。如果還不知道孩子的慣用手，不妨將智慧型手機交給孩子，看孩子用哪一手接下手機，貼在哪一邊的耳朵聽電話，就可以知道孩子的慣用手和慣用耳了。將手穿入衣袖換衣服時，或穿鞋子時，都是從慣用邊開始。讓孩子舉起慣用手後，輕輕搔癢，一邊告訴孩子這是右邊（或左邊）。這時，為了讓孩子將慣用邊與搔癢的感覺結合。記住，只要搔癢慣用邊即可。為了幫助將左腳／右腳鞋子穿錯邊的孩子，可以在鞋子的內側寫上孩子的名字，藉以區別左邊和右邊。例如，在左腳鞋子的內側寫上姓（例如：王），在左腳鞋子的內側寫上名（例如：小勇）。

發展淺談 一般人對左撇子的誤解

幼兒3到5歲時雖然有常使用的手，不過這個時期的喜好並不具有絕對影響力。尤其左撇子時常是左手和右手輪流使用。到了7到10歲左右，對某一邊的偏好會逐漸強烈。全球人口中，約90%為右撇子，9%為左撇子，1%左右為雙撇子。

左撇子更具有創意，更聰明嗎？心理學家克里斯・麥克麥納斯（Chris McManus）在其著作《右手、左手：探索不對稱的起源》中，整理科學研究結果如下：

①創意：雖然有人主張左撇子更具有創意，不過缺乏科學證據。

②性格：雖然有些人認為左撇子較內向，不過根據近來對600名大學生進行測驗的結果，左撇子和右撇的性格沒有太大差異。反倒是雙撇子有比左撇子或右撇子更內向的傾向。

③智商：沒有出現決定性的結果。根據對7000名以上受測者進行的研究結果，左撇子和右撇子與智商毫無關係。然而在其他研究中，右撇子的智商略勝一籌。

統合領域：探索、語言

長短排序

☑ **讓孩子熟悉測量長度的方法**
☑ **可將各種物品依照長短排列**

這是比較各種物品的長度，並依序排列的遊戲。自然而然學會分類或長或短的物品。

● **準備物品**
10種以上要測量長度的物品（如鉛筆、色鉛筆、橡皮擦、蠟筆、書、緞帶等）、白色圖畫紙

● **遊戲方法**
1. 將要測量的物品放在一起，一邊給孩子一個物品，一邊問孩子哪一個長度最長，哪一個長度最短，並將物品依照長短放在白色圖畫紙上。
2. 觀察孩子放置各個物品的位置和方法。為比較各個物品的長度，請檢查物品的底端是否排列整齊。
3. 詢問孩子該如何比較長度。如果物品的底端沒有排列整齊，只有頂端對齊的話，結果又是如何？就此詢問孩子的想法。例如「橡皮擦看起來比鉛筆還長，真的是那樣嗎？該怎麼做才可以正確比較長度？」

好奇心發展・探索 ⓭ 長短排序

173

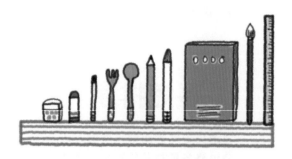

4. 將所有物品的底端排列整齊後，依照長度從最短（或最長）的物品開始排列，並以口頭說明。例如「簽字筆最長。綠色蠟筆最短。／簽字筆比鉛筆長。橡皮擦比美工刀短。／鉛筆比橡皮擦長，比簽字筆短。」

5. 將物品的長度排列結果直接畫在圖畫紙上。

● 遊戲效果

★ 讓孩子熟悉測量長度的方法。

★ 練習將各種物品依照長短排列。

● 培養孩子可能性的訣竅及應用

　　起初先比較2個物品的長度，再逐漸增加物品的數量，並且試著以不同的方式表達物品之間的長度。詢問孩子「簽字筆比鉛筆長，鉛筆比橡皮擦長，那麼不必直接測量簽字筆和橡皮擦的長度，是否也可以知道結果？」觀察孩子的解決問題的過程。

發展淺談 幼稚園教師與父母所認為的幼兒數學教育

　　對於最適合數學教育的活動，教師認為是料理活動或點心，父母則認為是身體活動與對話。至於效果最好的教材教具，教師的排名依序為「測量工具／視聽覺媒體／積木」，而家長排名則是「視聽覺媒體／拼圖／積木」。至於，最常使用學習評量的數學學習，父母持正面的態度，而教師則持負面的態度。

統合領域：探索、身體、藝術

整理冰箱

☑ 熟悉收集與整理資料的方法
☑ 繪製圖表並體驗其優點與缺點

在整理冰箱時，不妨邀孩子一起進行，可以從中學習繪製圖表的方法。

● **準備物品**

紙張、麥克筆、冰箱中的水果和蔬菜

● **遊戲方法**

1. 將冰箱中的蔬菜和水果全部取出，依照種類分類。例如：蔬菜 ── 大蔥、洋蔥、紅蘿蔔、蘿蔔；水果 ── 香蕉、桃子、蘋果。

2. 在紙上繪製圖表如右，最下面一列畫上蔬菜和水果的圖案。

3. 計算各種蔬菜與水果的數量，依照現有數量塗滿圖表上的空格。例如：洋蔥10顆、大蔥3根、紅蘿蔔4條、蘿蔔1條、香蕉8根、桃子8顆、蘋果2顆……。

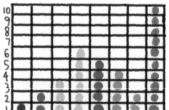

我們家的蔬菜和水果

4. 看著圖表，說明哪一個項目最多。數量最少的又是什麼，請看著圖表回答。

5. 討論繪製圖表的優點是什麼。例如：即使不必數，也能一眼看出哪個最多、最少及多出幾個。

● 遊戲效果

★ 可以熟悉收集與整理資料的方法。

★ 繪製圖表，並體驗其優點與缺點。

● 培養孩子可能性的訣竅及應用

　　也可以和孩子一起整理玩具，將玩具分類後繪製圖表。思考各種分類方法，以利整理水果和蔬菜。例如：依水果（香蕉、桃子、蘋果）和蔬菜（洋蔥、大蔥、紅蘿蔔、蘿蔔）分類、依顏色分類、依可以當作甜點吃和不能當作甜點吃的標準分類等。

發展淺談 敘事性數學（Storytelling Mathematics）

　　為了讓孩子更輕鬆理解數學，更開心學習數學，建議將「Storytelling」導入教學中。Storytelling是由story和telling組成的單詞，字典上的意義是「說故事、敘事」。換言之，敘事性數學是利用趣味的故事，提供具體的實例與脈絡，讓抽象的數學變得更有趣。例如教導型式時，先告訴孩子「故事主角去了製造項鍊的工廠，選擇各種顏色的與形狀的珠子，有規律性地串起來，做成一條項鍊」的故事，再與孩子討論規律性，並讓孩子親手創造型式。

根據某項研究結果，敘事性數學確實有助於加強5歲左右的幼兒的數學能力與數學態度。然而在小學生程度下，故事將會以較長的文章出現，這時必須具備閱讀與理解故事的能力，才能順利解答數學問題。

統合領域：探索、藝術、語言

繪製來我家的路

☑ 嘗試畫出住家附近與社區的模樣
☑ 正確理解及使用方向詞和位置詞

讓孩子試著畫出從別地方來家裡的路（簡單線條圖即可），以便朋友來拜訪。藉此不僅能知道家裡的位置，也能學會說明方向和位置。

● 準備物品

大張圖畫紙、蠟筆、麥克筆、雜誌照片、圖案、報紙、膠水、剪刀、樂高人偶（或跳棋）

● 遊戲方法

1. 從捷運站或公車站出發，一邊走回家，一邊觀察附近有哪些東西或店家。

2. 和孩子討論回家的路上有哪些建築物，道路與道路又是如何連接的。

3. 回家後，在大張圖畫紙上，畫出從捷運站到家裡的路，並畫出附近的建築物，或從報章雜誌上剪下圖案貼上。

4. 讓孩子看著簡圖，嘗試說明從車站到家裡的路。這時應盡可能使用正確的表達方位的詞彙。

5. 將樂高人偶放在紙上，按照孩子的說明移動。

179

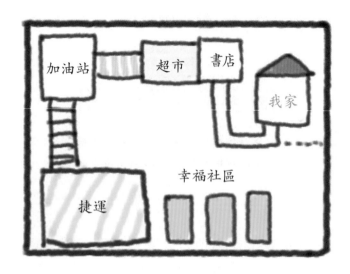

● 遊戲效果

★可嘗試畫出住家附近與社區的模樣。

★可正確理解及使用方向詞和位置詞。

● 培養孩子可能性的訣竅及應用

　　進階可以讓孩子畫出整個社區的全貌，並試著說明從各個方向到家裡的路線。

統合領域：探索、語言

拍攝火山爆發影片

☑ 喚起孩子對科學的好奇心
☑ 提升孩子的口語表達能力

以非常簡單的方法製造火山爆發。讓孩子變身科學家，並且將此過程拍成影片的遊戲。

● 準備物品
食用醋、小蘇打粉、玻璃瓶1個、
托盤、食用色素、洗碗精、智慧型手機

● 遊戲方法
1. 將食用醋倒入玻璃瓶，約1／3滿。再將1大匙洗碗精、5滴食用色素倒入，攪拌均勻。
2. 將3大匙小蘇打粉倒入玻璃瓶內。倒入的瞬間，將產生大量泡沫，猶如火山爆發（泡沫可能向外溢出，可準備較寬的大托盤。用手觸摸泡沫也沒有關係）。

3. 重新進行實驗，練習以口頭表達整個過程，就像記者或科學家說明實驗過程一樣。

4. 練習到一定程度後，最後正式開始。這時，要由孩子說明，媽媽則利用智慧型手機錄影。

● 遊戲效果
★ 可以喚起孩子對於科學的好奇心。

★ 以湯匙添加材料，親身體驗測量。

★ 像是記者或科學家一樣口頭說明實驗過程，可提高孩子的口語表達能力。

● 培養孩子可能性的訣竅及應用
　　用圖畫紙做成火山的形狀，蓋住玻璃瓶後再進行實驗，看起來更有那麼一回事。和孩子一起討論放入玻璃瓶的材料中，哪些物質相互作用而產生火山爆發，再一一取出重要的材料，重複進行相同的實驗。

發展淺談 讓孩子自行探索比較好嗎？

　　美國幼兒教育數十年來不直接教導幼兒複雜的原理，而是提供各式各樣的材料（如測量重量的磅秤、各種物品），等待孩子自行發現原理，相信「發現學習才是正解」。這是受到發展心理學家皮亞傑（Jean Piaget）與教育哲學家約翰・杜威（John Dewey）的影響。皮亞傑深信唯有幼兒自行組織學習的內容，才算真正完成學習，因此建議應盡可能減少教師的介入。杜威也主張幼兒親自面對真實世界的問題至為重要。

然而卡內基美隆大學的大衛・克拉爾（David Klahr）教授主張，與其等待幼兒主動探索科學或複雜的課題，不如直接教育他們來得有效。根據克拉爾教授的說法，科學家所了解的科學知識都是學習而來，而非自行發現，而科學實驗等某些特定主題，也是學生難以自行發現的主題。因此，在這種情況下，由成人明確教導最具效果。此外，也發現若學習無法獲得及時回饋，而常會有錯誤解釋的危險，反倒使孩子更感到挫折。

好奇心發展・探索 ❶⑥ 拍攝火山爆發影片

統合領域：探索、藝術

改變花色魔術

☑ 引起孩子對自然現象的好奇心
☑ 培養發問、預測、確認與探索的態度

任意改變白色花朵的顏色，猶如魔術般的科學實驗。魔術般的神奇科學原理，將可激發孩子們的興趣。

● 準備物品

白色玫瑰花或白色康乃馨、食用色素（紅色、藍色、黃色等）、水瓶4個

● 遊戲方法

1. 將3種顏色的色素分別滴在3個水瓶內，插入玫瑰花或康乃馨。剩餘1個水瓶盛裝清水，再插入花朵。
2. 讓孩子預測接下來將會發生什麼事。要花多長時間，插在水瓶內的花朵和插在食用色素水瓶內的花朵，才會出現不同的變化。
3. 每3至4小時檢查花朵出現什麼變化。
4. 經過24小時後，插在食用色素水瓶內的白色花朵完全改變顏色。

● 遊戲效果

★ 可清楚觀察植物的根與莖吸水的過程（在此情況下，因為沒有根，由莖代替根吸水）。

★ 讓孩子產生對自然現象的好奇。

★ 培養孩子發問、預測、確認與探索的態度。

● 培養孩子可能性的訣竅及應用

　　在成人的幫助下，以刀子切下花的莖，各自插在盛裝不同食用色素的水瓶內，如此一來，同一束花就會呈現不同的顏色。如果沒有花，以白菜葉代替也可以。

発展淺談 **地球就像鬆餅（Pancake）一樣？**

　　　　地球是什麼形狀？而人類又生活在地球的什麼地方？希臘雅典大學的沃斯尼亞多（Stella Vosniadou）教授要求6到11歲的兒童畫出地圖，並畫出人類生活的地方。除此之外，也詢問孩子「地球是什麼形狀？」「要怎麼看到地球的樣子？」、「直直走下去，最後會到哪裡？」、「地球的終點在哪裡？」等。如此分析受測者的圖畫與回答，便可知道兒童以幾種方法理解「地球是圓的」這句話。

回答「平面的地球」的兒童，以為地球就像鬆餅一樣平坦，人類住在上面，走到鬆餅的邊緣將向下跌落。回答「中空地球」的兒童，以為地球就像一顆球，人類居住在球體內部下方，上方為天空。回答「兩個地球」的兒童，以為地球有兩個，人類住在扁平的地球上，形狀如球的另一顆地球懸在天空中。這是因為他們試著將自己生活的地球地面平坦的經驗，與「地球是圓的」的訊息相結合，從而產生這樣的結果。孩子們帶有的這種不科學的想法，稱為「謬誤（misconception）」。所以教導孩子們科學時，首先必須透過遊戲，找出孩子對科學現象的謬誤才行。

統合領域：探索、藝術

瓶中彩虹DIY

☑ 熟悉「比重（或密度）」概念
☑ 了解液體的特徵、強化專注力

這是可以送給孩子漂亮彩虹的遊戲，利用瓶子就能製造孩子們最喜歡的彩虹。

● **準備物品**
玻璃瓶、食用油、消毒用酒精、
洗碗精、水、糖稀、食用色素、
紙杯、滴管或眼藥水瓶

● **遊戲方法**

1. 將等量的食用油、消毒用酒精、洗碗精、水、糖稀分別倒入5個紙杯內。因為5種液體都必須倒入玻璃瓶內，須好好斟酌能夠全部倒入玻璃瓶的量。

2. 糖稀、酒精、洗碗精各以紅色、綠色、藍色的食用色素染色。

3. 將所有液體倒入玻璃瓶內。此時順序非常重要。務必依「糖稀→洗碗精→水→食用油→消毒用酒精」的順序倒入。

4. 小心將糖稀、洗碗精緩緩倒入瓶中，從水開始，使用滴管滴入瓶身中央。以滴管滴完食用油後，先以清水洗淨滴管，再用於酒精。倒入液體時，為避免各種液體相互混合，應確認液體完全平靜後，再倒入下一種液體。

好奇心發展‧探索 ❶⑧ 瓶中彩虹DIY

5. 將所有液體倒入玻璃瓶後，瓶中將出現糖稀（紅色）── 洗碗精（藍色）── 水（透明）── 食用油（黃色）── 消毒用酒精（綠色）製成的彩虹。

消毒用酒精
食用油
水
洗碗精
糖稀

6. 以圖畫紀錄實驗過程。

● 遊戲效果

★嗅聞不同液體的味道，觸摸不同的液體，了解彼此不同的特徵與特性。

★拿起等量的液體，感受不同的重量，熟悉「比重（或密度）」的概念。

★倒入液體時，為避免溢出而更專注於倒入的動作，有助於強化專注力。

● 培養孩子可能性的訣竅及應用

　　也可利用各種食用油進行相同實驗。例如橄欖油，因為密度（比重）比酒精小而浮在酒精上。將乒乓球、葡萄乾、瓶蓋、紙杯等放入玻璃瓶內，觀察是否下沉或浮起。

發展淺談 浮起與下沉

　　　孩子從很小的時候開始，就懂得在玩水的時候，讓玩具浮在水面上。這種遊戲經驗，有助於預測物品是否浮起或下沉嗎？似乎並非如此。

孩子們時常拿起物品，根據該物品的「重量」來判斷，誤以為重量越重，越容易下沉。然而實際上浮起或下沉，是依據物品的「密度（比重）」，這是看不見的抽象概念。

　　以圖畫向孩子說明密度等抽象概念，可幫助孩子輕鬆理解。換言之，若體積以四角形表示，重量以四角形中的圓點表示，則密度為圓點之間的間距。因此，圓點之間的間距越近，密度越高，越會沉澱於水下。如果能以這種方式表示密度這個抽象的概念，那麼即使是4到5歲的幼兒，也能夠理解密度的概念。

統合領域：探索、語言

栽種四季豆

☑ 從栽種過程培養觀察力與耐心
☑ 激發孩子對植物的關注與好奇

可於一周內觀察四季豆成長的模樣。四季豆長得快，最適合讓孩子看植物成長的過程。

● **準備物品**
玻璃瓶、廚房紙巾、四季豆3至4顆、水

● **遊戲方法**
1. 將廚房紙巾摺疊數層後，放入玻璃瓶內。
2. 在玻璃瓶與廚房紙巾之間放入四季豆，這時，四季豆如果放到玻璃瓶底部，便無法觀察根部成長的過程，應將四季豆置於玻璃瓶中間的位置。
3. 玻璃瓶內倒水至2到3公分高。廚房紙巾吸水後，四季豆將會被水浸溼。
4. 將玻璃瓶移至日照充足的地方，每天觀察玻璃瓶內出現什麼樣的變化。讓孩子預測最先會出現什麼樣的變化。例如：詢問孩子「葉子、根、莖之中，哪一個最先出現？」
5. 經過2至3日，四季豆會開始長出根。

6. 將長出根的四季豆移植於花盆。

7. 畫出實驗過程，記錄結果。

廚房紙巾

● **遊戲效果**

★藉由四季豆的成長過程培養觀察力。

★雖然四季豆相對長得較快，不過還是需要有耐心去觀察成長
　過程中的變化，這有助於培養耐心。

★激發孩子對植物的關注與好奇。

● **培養孩子可能性的訣竅及應用**

　　將廚房紙巾鋪在盤子上，灑過水後，放上四季豆觀察。此時
如果灑太多水，四季豆可能腐爛，應適當添加水分。比較以相同
方法栽培的其他種子的成長過程。

好奇心發展‧探索 ⑲ 栽種四季豆

發展淺談 愈精緻的教具對學習愈有幫助？

　　越是精緻且吸引人的教材，對於學習抽象概念越會帶來負面的影響。例如，比起只有黑白兩色的單純圖形，繪有鮮豔顏色的圖形更不易讓孩子找出抽象的數學規律。又或漆上顯眼的明亮色彩，讓教材更容易導出規律，這種作法雖然比只有黑白兩色更容易找出規律，但是一旦問題改變，孩子就容易失敗。這好比學習國字時，用紅筆寫下「蘋果」，容易由顏色記憶，不過一旦國字顏色改變，立刻讀不出「蘋果」這個詞的現象。

　　多數情況是與真正該學習的內容無關的操作，或將孩子的注意力引導至其他特徵，反倒有礙學習。其實在學習上，稍微樸素的教材（例如黑白圖案或照片）反倒有助於學習。過於華麗或吸引人的教材，反倒將孩子的注意力帶離必須學習的內容。即使成功吸引孩子的注意力，也只是讓孩子專注於眼前看見的直接特徵，而非思考或學習抽象的規律或概念，未來要運用所學時，將會遭遇困難。

▶ Q&A煩惱諮詢室 ◀
張博士，請幫幫我！

Q 我家孩子是50個月的男孩，還沒給他看過科學讀本。不知道現在就該買科學叢書給他，還是等他大一點再買？

A 4歲左右的年齡，看科學讀本並不會太勉強。孩子到了這個時期，家家戶戶都會買科學叢書。問題在於就算買了科學叢書，孩子也沒興趣，最後造成浪費。其實其他類型的書籍也是一樣的，買了書孩子卻不讀，那真的很可惜。再說如果買的是好幾本一套的叢書，那更是心疼。

　　最適合購買科學叢書的時期，是在孩子對科學表現出興趣的時候。如果孩子對科學還沒有太大興趣，在購買科學叢書之前，最好讓孩子對周遭事物和大自然感到好奇。請利用本書提供的探索遊戲，和孩子一起接觸科學現象。嘗試過後，當孩子出現疑問的時候，就是最適合購買科學叢書的時機了。另一個辦法是帶孩子參觀科學展覽或參加體驗活動。此外，購買單冊

科學繪本或上圖書館借閱相關書籍，與孩子共讀，激發孩子的好奇心與探索欲望，也是不錯的方法。

Q 我家有4歲的男孩，已經用水果和玩具教過他數字的概念了，應該是知道3以前的數字了。不過，數字概念到底該怎麼教才好呢？而且搭電梯的時候，也告訴過他家裡的樓層，他雖然知道了，其他數字卻還是不會，這種樓層數的概念又該怎麼教呢？

A 不少孩子明明把數字背得滾瓜爛熟，卻還是無法正確掌握數字概念。因此，最好在日常生活與遊戲中，幫助孩子自然而然理解數字。和孩子一起玩遊戲，孩子自然而然能熟悉數字的概念。儘管數字概念是幼兒數學中最基本的領域，不過空間與圖形、測量、規律性的理解、資料收集與結果呈現等，也都包含在數學領域內。找出本書中相當於各領域的遊戲，與孩子一起開心遊戲，必能獲得最好的學習效果。

Q 孩子馬上就要6歲了，該讓他寫學習評量嗎？身邊同齡小朋友都在寫學習評量了，我怕給孩子壓力，所以沒讓他寫。想知道這個年齡該不該開始了。

A 就算旁人讓孩子寫大量的學習評量，也沒有必要非讓自己的孩子寫不可。最好先比較優缺點，思考最適合自己孩子的方式，若有需要，選擇有搭配教師（影音）的學習

評量，會比由家長自己教好，因為由家長指導，通常不容易持續，經過一兩個月便不了了之了。總之，無論如何都不應該造成孩子太大的壓力。

Q 孩子對大自然和各種事物實在太好奇，常常問一些奇怪的問題，像是「真的有外星人嗎？」「地球有多重？」說真的，這些問題的答案我也不知道，實在沒辦法回答孩子。該怎麼做才好？

A 這個年齡的孩子對自然和物理現象非常有興趣，所以眼前看見的都想發問。能妥善培養孩子自發的好奇心當然是最好的，所以父母們都想認真回答孩子。對於孩子的疑問，有時候媽媽也不知道答案，而且就算知道，也不容易解說到孩子完全聽懂。這種時候，比起直接說「媽媽也不知道」，或反過來罵孩子「怎麼問一些奇怪的問題」，不如告訴孩子「媽媽也不知道，我們一起找出答案」。也就是說，利用這個機會和孩子一起尋找答案，會是最好的辦法。

和孩子一起翻書，或在網路上搜尋，大部分的答案都找得到。如此一來，孩子將會依照自己的認知程度理解答案。當然有時難免理解錯誤。如果孩子說「已經懂了」，請讓孩子試著說明。藉此確認孩子理解了哪些部分，又有哪些部分理解錯誤。不過，不必像考試一樣出題，只要閒暇的時候，在最舒服的狀態下和孩子討論即可。或製造機會，讓孩子向弟弟妹妹或

其他人說明。如果孩子不擅長口頭說明，也可以畫圖表示。這種方法也有助於孩子審視自己的想法。那麼，孩子不但可以知道自己的想法中有哪些部分正確、哪些部分錯誤，也更能流利回答。

另外，如果正忙著其他事情而孩子發問，請和孩子約定「下次一起找出答案」，並且信守承諾，下次也一定要回答孩子。如果一再拖延，甚至忘了回答孩子，孩子恐將以為自己的問題毫不重要，逐漸變得不願意發問。

比起購買科學叢書給孩子，不如對孩子的問題表示關心，並且一起尋找解答，這樣的經驗將會成為孩子最珍貴的記憶，也會是刺激好奇心與探索欲最好的機會。

數學態度

數學態度是指對於數學的思考或情緒。數學態度形成於幼兒期，影響著孩子日後的數學成就。藉由以下「數學態度檢查表」，檢視孩子的數學態度吧。

問問題時，先聽孩子的回答為「是」或「否」，再確認是「非常」或「稍微。」

編號	問題	是		否	
		非常4	稍微3	稍微2	非常1
1	你喜歡各種數字活動嗎？還是不喜歡？				
2	比起其他活動，你覺得數字活動更有趣嗎？還是其他活動比數字活動更有趣？				
3	你覺得自己在數字活動上比其他朋友表現更好嗎？還是沒有其他朋友表現得好？				
4	你覺得可以教好弟弟妹妹數字活動嗎？還是覺得有點困難，沒辦法教好弟弟妹妹？				
5	你覺得數字活動比其他活動更容易嗎？還是覺得數字活動比其他活動稍微困難？				

發展關鍵詞：數學態度

197

編號	問題	是		否	
		非常4	稍微3	稍微2	非常1
7	你覺得進了小學以後,在數字活動上也會有好的表現嗎?還是上了小學,覺得數字活動很難,不容易表現得好?				
8	在你進行數字活動的時候,爸爸媽媽有稱讚你表現得好嗎?還是沒有?				
9	在你進行數字活動的時候,老師有稱讚你表現得好嗎?還是沒有?				
10	你喜歡用各種方式挑戰數字活動嗎?還是只喜歡用一種方式進行數字活動?				
11	你對數字活動有信心,就算是第一次挑戰,也可以表現得好嗎?還是覺得數字活動有點難,沒辦法第一次就表現得好?				
12	老師覺得你喜歡數字活動嗎?還是覺得你不太喜歡數字活動?				
13	老師就數字活動向你問問題的時候,你可以輕鬆回答嗎?還是你覺得有些困難,沒辦法輕鬆回答?				
14	爸爸媽媽覺得你喜歡數字活動嗎?還是覺得你不太喜歡數字活動?				
15	在你進行數字活動的時候,如果出現不會的問題,會繼續進行到了解為止嗎?還是出現不會的問題,就立刻放棄,改做其他活動?				

計分方式如下

「是」和「非常」：4分／「是」和「稍微」：3分／
「否」和「稍微」：2分／「否」和「非常」：1分

子領域	問題編號	總分	分數説明
對數學的興趣	1、2		低：4分以下／普通：5～6分／高：7分以上
對數學能力的信心	3、4、7、11、13、15		低：18分以下／普通：19～22分／高：23分以上
對課題的認知	5、6、10		低：8分以下／普通：9～10分／高：11分以上
周遭的鼓勵與期待	8、9、12、14		低：12分以下／普通：13～14分／高：15分以上子領域

為孩子找回遺失的遊戲樂趣

● ● ●

　　多年前開始著手的遊戲百科系列，如今終於進入最後一個階段。依據不同發展時期準備遊戲百科，同時也深深了解遊戲對孩子有多麼重要，孩子又是多麼需要遊戲。尤其是第5、6冊才出現的藝術領域時，原本和音樂、美術距離遙遠的我，學到不少要是提早學習的知識。

　　回顧過去，和孩子一起玩的時間減少，代表和孩子一起度過的歡樂時光減少，也代表對孩子的關心減少。當然，心裡一直想著要為孩子買什麼樣的書，又該讓孩子寫什麼學習評量。然而我們對孩子最基本且重要的關心，例如，孩子最近在「想什麼」「做什麼」而感到幸福，是否正和爸爸媽媽度過快樂的時光等，卻埋在了內心深處。

　　上了年紀後，兒時盡情玩樂的幸福記憶不但成為難忘的回憶，也留下了內心豐富的資產，猶如存摺內的餘額一樣。所以

年幼時存下愉快遊戲的回憶者，必定是內心富饒之人。他們深知何謂生命的愉悅與幸福。即使有時難過、疲憊，存摺內的幸福存款永不見底。

期待藉由本書，能幫助那些家有孩子即將升上小學，整天焦急萬分的父母，及那些四處奔波，忙著為孩子提早做好準備的父母。請務必安排和孩子一起玩本書遊戲的時間，創造孩子愉快遊戲的回憶。

希望父母能在遊戲時，重新回想起自己幼時愉快玩耍的回憶，也希望孩子玩得咯咯大笑的同時，親身體驗比自己的身高還要更快的發展和學習。期待在為孩子（大人也是）找回遺失的遊戲樂趣上，本書能夠發揮一點微薄的幫助。

▶ 參考文獻 ◀

Chapter 1

1. 崔宥哲（2013）。跆拳道活動對幼兒體格及體力之影響。韓國：尚州大學產業研究所社會體育學系碩士論文。

2. Russell, W.D., & Limle, A.N. The relationship between youth sport specialization and involvement in sport and physical activity in young adulthood. Journal of Sport Behavior, 36（1）, 82-98. 2013

3. Jayanthi, N. Injury risks of sports specialization and training in junior tennis players: A clinical study. Paper presented at the Society for Tennis and Medicine Science North American Regional Conference, Atlanta, GA. December, 2012

4. Georgopoulos, N. A., Theodoropoulou, A., Leglise, M., Vagenakis, A. G., & Markou, K. B. Growth and skeletal maturation in male and female artistic gymnasts. The Journal of Clinical Endocrinology & Metabolism, 89（9）, 4377-4382. 2004

5. Sandseter, E. B., & Kennair, L. E. Children's risky play from an evolutionary perspective: the anti-phobic effects of thrilling experiences. Evolutionary Psychology, 9, 257-284. 2011

6. 劉純英（2010）。瑜珈活動對幼兒基礎體力及日常壓力之影響。韓國：全南大學教育研究所碩士學位論文。

7. Hoza, B., Smith, A. L., Shoulberg, E. K., Linnea, K. S., Dorsch, T. E., Blazo, J. A., Alerding, C. M., & McCabe, G. P. A randomized trial examining the effects of aerobic physical activity on attention-deficit／hyperactivity disorder symptoms in young children. Journal of Abnormal Child Psychology, 43（4）, 655-667. 2015

8. Hillman, C. H., Pontifex, M. B., Raine, L. B., Castelli, D. M., Hall, E. E., & Kramer A. F. The effect of acute treadmill walking on cognitive control and academic achievement in preadolescent children. Neuroscience, 159（3）, 1044-1054. 2009

9. Côté, J., & Hay, J. Children's involvement in sport: A developmental perspective. In J. M. Silva & D. E. Stevens（Eds.）Psychological foundations of sport（pp. 484-502）Boston, MA: Allyn & Bacon. 2002

10. Vlahov, E., Baghurst, T. M., & Mwavita, M. Preschool motor development predicting high school health-related physical fitness: a prospective study. Perceptual and Motor Skills. 119（1）, 279-291. 2014

11. 李榮心（2002）。幼兒基本動作測量工具開發之基礎研究。韓國：耽羅大學教育研究所碩士學位論文。

12. 朴珠希、李殷艾（2001）。關於學齡前兒童專用同儕能力衡量尺度開發之研究。大韓家庭學會誌，39（1），221-232。

1. Ely, R., & Mccabe, A. The language play of kindergarten children. First Language, 14（40）, 19-35. 1994

2. 朴孝京（2015）。運用童詩的語言遊戲活動對幼兒的語彙能力與語言表達能力之影響。韓國：光州教育大學教育研究所碩士學位論文。

3. 黃仁美（2014）。運用動詞的語言遊戲對5歲幼兒音韻覺識的影響。韓國：建國大學教育研究所碩士學位論文。

4. Upton, D., & Thompson, P. J. Twenty Questions Task and Frontal Lobe Dysfunction. Archives of Clinical Neuropsychology, 14（2）, 20-216. 1999.

5. Ely, R., & Mccabe, A. The language play of kindergarten children. First Language, 14（40）, 019-035, 1994.

6. 李貞敏（2014）。對幼兒教室中出現的幼兒故事內容之研究。韓國幼兒教育學會定期學術發表論文集，613-614。

7. 李英子、朴美羅（1992）。對幼兒故事結構概念發展之基礎研究。幼兒教育研究，12，31-51。

8. Breckinridge, C. R., & Goldin-Meadow, S. The mismatch between gesture and speech as an index of transitional knowledge. Cognition, 23（1）, 43-71. 1986.

9. Stevanoni, E., & Salmon, K. Giving memory a band: Instructing children to gesture enhances their event recall. Journal of Nonverbal Behavior, 29, 217-233. 2005.

10. Cook, S. W., & Goldin-Meadow, S. The role of gesture in learning: Do children use their hands to change their minds？ Journal of Cognition and Development, 7（2）, 211-232. 2006.

11. Goldin-Meadow, S., Kim, S., & Singer, M. What the teacher's hands tell the student's mind about math. Journal of Educational Psychology, 91（4）, 720-730. 1999.

12. 鄭南美（1996）。社會型角色扮演遊戲對幼兒聽、說、讀、寫帶來的效果。韓國：中央大學研究所博士學位論文。

13. Carlson, S. M., White, R. E., & David-Unger, A. Evidence for a relation between executive function and pretense representation in preschool children. Cognitive Development, 29, 1-16, 2014.

14. 李潤鎮、張明琳、金雯婷、金惠瑗（2010）。幼兒外語教育的實況與對策。釜山廣域市教育廳、大邱廣域市教育廳、育兒政策研究所。

15. 李潤鎮、李圭霖、李貞娥（2014）。對幼兒期英語教育適切性之研究。育兒政策研究所。

16. Alloway, T. P. Working Memory, but not IQ, predicts subsequent learning in children with learning difficulties. European Journal of Psychological Assessment, 225（2）, 92-98. 2009.

17. 高宣熙、崔慶純、黃敏娥（2009）。以閱讀廣度課題測量之正常兒童的作業記憶發展。語言聽覺障礙研究，14，303-312。

18. Biemiller, A. & Boote, Catherine. An effective method for building meaning vocabulary in primary

grades. Journal of Educational Psychology, 98, 44-62. 2006.

19. 李晶順（2013）。小學生各學年童話喜好傾向研究。韓國：韓國教員大學教育研究所碩士學位論文。

20. 金玟宣（2011）。5歲、6歲、7歲兒童的快速自動念名與閱讀能力。韓國：延世大學研究所碩士學位論文。

21. 張有敬（2015）。5歲兒童的閱讀流暢性發展：認知、個人及環境因素的相對影響力。認知發展仲裁學會誌，6（1），69-92。

22. 金東一（2000）。閱讀流暢性與閱讀理解能力程度之關聯：以小學低年級學生為中心。韓國：首爾大學博士學位論文。

23. 趙京善（2012）。寫作指導課程與課程中使用之繪本類型的差異對幼兒的寫作與社會能力帶來的效果。韓國：成均館大學一般研究所博士學位論文。

24. 白韻美（2001）。教師對幼稚園與小學1年級閱讀、寫作指導實況及聯繫性的認識與改善方案。韓國：仁川大學教育研究所碩士學位論文。

25.. 李惠珍（2005）。幼稚園教師與小學1年級教師對幼兒期閱讀、寫作教育的認識。韓國：梨花女子大學教育研究所碩士學位論文。

26. 金京申（2007）。對韓國小學1年級兒童發展特徵與教育內容之研究。韓國：江原大學一般研究所博士學位論文。

27. 申恩熙（2010）。幼兒語言發展人力支援環境評量工具開發。韓國：淑明女子大學博士學位論文。

Chapter 3

1. Halberda, J., Mazzocco, M. M. M., & Feigenson, L. Individual differences in nonverbal number acuity correlate with maths achievement. Nature, 455, 665-668.2008.

2. Stipek, D., Schoenfeld, A., & Gomby, D. Math matters: Even for little kids. Education Week. 2012.

3. Duncan, G. J., Dowsett, C. J., Claessens, A., Magnuson, K., Huston, A. C., Klebanov, P., Pagani, L. S., Feinstein, L., Engel, M., Brooks-Gunn, J., Sexton, H., Duckworth, K., & Japel, C. School readiness and later achievement. Developmental Psychology, 43, 1428-1446. 2007.

4. Romano, E., Banchishin, L., Pagani, L. S., & Kohen, D. School readiness and later achievement: Replication and extension using a nationwide Canadian survey. Developmental Psychology, 46(5), 995-1007. 2010.

5. Siegler, R. S., & Ramani, G. B. Playing linear numerical board games promotes low-income children's numerical development. Developmental Science, 11(5), 655-661. 2008.

6. 趙恩淑（2007）。基於ZPD的數學活動對幼兒基礎圖形理解造成的影響。韓國：順天香大學教育研究所碩士學位論文。

7. 金敬熙（1981）。韓國兒童的左邊/右邊概念發展。

8. Scharoun, S. M., & Bryden, P. J. Hand preference, performance abilities, and hand selections in children. Frontiersin Psychology, 5, 114-128. 2014.

9. McManus, C. Right Hand, Left Hand. Phoenix Paperbacks. 2003.

10. Grimshaw, G. M., & Wilson, M. S. A sinister plot? Facts, beliefs, and stereotypes about the left-handed personality. Laterality: Asymmetries of Body, Brain and Cognition, 18(2), 135-151. 2013.

11. Hardyck, C., Petrinovich, L. F., & Goldman, R. D. Left-handedness and cognitive deficit. Cortex, 12(3), 266-279. 1976.

12. 朴祥德（2000）。教師與父母對幼兒數學教育的認識比較。韓國：全南大學研究所碩士學位論文。

13. 鄭芷勤（2014）。為提高5歲幼兒測量能力的實行研究。韓國：梨花女子大學教育研究所碩士學位論文。

14. 金鎮榮（2004）。對幼兒及兒童慣例時間概念的發展之研究。教育發展研究，20(1)，43-67。

15. 白紹英（2005）。利用日常生活資料的數學探索活動對幼兒數學概念及態度之影響。韓國：中央大學教育研究所碩士學位論文。

16. 教育科學技術部（2012.01.11）。數學教育先進化方案。教育科學技術部報導資料。

17. 劉曉仁（2015）。敘事性數學活動對5歲幼兒數學能力及數學態度之影響。韓國：中央大學碩士學位論文。

18. 吳敬鎮（2013）。運用數學童話的幼稚園與家庭中的活動對幼兒數學態度及問題解決能力之影響。韓國：誠信女子大學教育研究所碩士學位論文。

19. Vosniou, S., & Brewer, W. F. Mental models of the earth: A student of conceptual change in childhood. Cognitive Psychology, 24(4), 553-583. 1992.

20. Baker, H., Haussmann, A., Kloos, H., & Fisher, A. Preschooler's Learning about Buoyancy: Doesit help to give away the answer? Proceedings of the First Joint International Conference on Learning and Development and Epigenetic Robotics. Frankfurt, Germany: IEEE. 2011.

21. Uttal, D. H., Liu, L. L., & DeLoache, J. S. Taking a hard look at concreteness: do concrete objects help young children learns symbolic relations? In L. Balter & C. TamisLeMonda (Eds.), Child psychology: A handbook of contemporary issue (pp. 177-192). Philadelphia: Psychology Press. 1999.

22. Uttal, D. H., Scudder, K. V., & DeLoache, J. S. (1997). Manipulatives as symbols: A new perspective on the use of concrete objects to teach mathematics. Journal of Applied Developmental Psychology, 18, 37-54. 1991.

23. 金哲沃（2011）。包含數學概念在內的合作身體活動對幼兒數學能力與數學態度之影響。韓國：梨花女子大學碩士學位論文。

孩子的

權威兒童發展心理學家專為幼兒打造的 57個潛力開發遊戲書 5

文字運用&數理概念遊戲

作　　者／張有敬 Chang You Kyung
譯　　者／林侑毅
選　　書／陳雯琪
企畫編輯／蔡意琪

行銷經理／王維君
業務經理／羅越華
總　編　輯／林小鈴
發　行　人／何飛鵬
出　　版／新手父母出版
　　　　　城邦文化事業股份有限公司
　　　　　台北市民生東路二段141號8樓
　　　　　電話：（02）2500-7008　傳真：（02）2502-7676
　　　　　E-mail：bwp.service@cite.com.tw
發　　行／英屬蓋曼群島商家庭傳媒股份有限公司城邦分公司
　　　　　台北市中山區民生東路二段141號11樓
　　　　　書虫客服服務專線：02-25007718；25007719
　　　　　24小時傳真專線：02-25001990；25001991
　　　　　讀者服務信箱 E-mail：service@readingclub.com.tw
劃撥帳號／19863813；戶名：書虫股份有限公司

香港發行／城邦（香港）出版集團有限公司
　　　　　香港灣仔駱克道193號東超商業中心1樓
　　　　　電話：(852)2508-6231　傳真：(852)2578-9337
　　　　　電郵：hkcite@biznetvigator.com
馬新發行／城邦（馬新）出版集團 Cite(M) Sdn. Bhd. (458372 U)
　　　　　11, Jalan 30D/146, Desa Tasik,
　　　　　Sungai Besi, 57000 Kuala Lumpur, Malaysia.
　　　　　電話：(603) 90563833　傳真：(603) 90562833

封面、版面設計／徐思文
內頁排版／陳喬尹
製版印刷／卡樂彩色製版印刷有限公司
初版一刷／2018年7月19日
定　　價／350元

城邦讀書花園
www.cite.com.tw

장유경의 아이 놀이 백과 (5~6세 편)
Copyright © 2016 by Chang You Kyung
Complex Chinese translation Copyright © 2018 by Parenting Source Press
This translation Copyright is arranged with Mirae N Co., Ltd.
through LEE's Literary Agency.
All rights reserved.

國家圖書館出版品預行編目資料

權威兒童發展心理學家專為幼兒打造的57個潛能開發遊戲
　書.5：孩子的文字運用&數理概念遊戲 / 張有敬著；林侑
　毅譯. -- 初版. -- 臺北市：新手父母出版：家庭傳媒城邦分
　公司發行, 2018.07
　面； 公分

ISBN 978-986-5752-71-2（平裝）

1. 育兒　2. 幼兒遊戲　3. 親子遊戲

428.82　　　　　　　　　　　　　　　　　107010670